小型貫流ボイラのトラブル対策

現場で起きた故障事例と対処法

小山富士雄 [監修]　芦ヶ原治之＆
トラブル対策プロジェクトチーム [著]

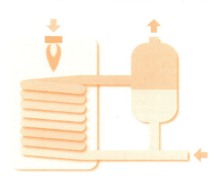

日刊工業新聞社

はじめに

　安全で利便性の高い熱源機器として日本で小型貫流ボイラが誕生してから50年以上の年月が経過しました。小型貫流ボイラはその特徴として缶内に有する缶水量が少ないことから安全性が高く、最高使用圧力も1メガパスカル、伝熱面積も10平方メートル以下と小規模のためボイラ技師の免許がなくても、特別教育を受講すれば誰でも取扱可能であることより、蒸気ボイラの出荷台数の95％以上を占めています。加えて、近年の技術進歩によりボイラ1基当たりの発生蒸発量の増加、運転開始や停止の操作を含めて運転制御技術の向上、さらには従来の大容量ボイラに代わって必要に応じて運転台数を調整し、運転コストを最適化することを目的とした、複数台の小型貫流ボイラの並列使用の例も増えてきました。なかには古くなった比較的大型の水管ボイラの代わりに、十数台の小型貫流ボイラをコンパクトに配備し、自動台数制御により、変動の大きなニーズにも、きわめて高効率な運転対応がなされ、省エネが図られている例があります。

　小型貫流ボイラの出荷台数は長期的には緩やかな減少傾向にありますが、引き続きわが国の産業界における小規模ユーザや民生向けボイラ供給の大半を占めると同時に、特に高圧でない、ある程度の規模のニーズにも広く使われてゆくものと思われます。このように小型貫流ボイラが幅広く使用され、今後の発展が見込まれているにもかかわらず、これまでこの分野に関する書籍や教育資料として適切なものが見当たりませんでした。

　ここでは小型貫流ボイラの設置計画から設計製作、運転、トラブル時の対策を含めて小型貫流ボイラに携わる方に依頼し、求められる知識を取りまとめました。現場の担当の方にとって、使いやすく、実用的なやさしい専門書という要望に応えることを目的として編さんしています。

　本書の主な内容ですが、第1章では市場や技術など小型貫流ボイラを取り巻く環境、第2章では小型貫流ボイラを含めてボイラに関する基礎

知識、第3章では小型貫流ボイラ管理者にとっての法令、構造、付属設備、熱計算など必要最低限の知識を紹介しています。

第4章からはトラブルの原因と対策、トラブル防止に着眼し、第4章ではトラブル発生の要因、第5章ではトラブル減少のための各種アプローチ、第6章ではこれまで発生した各種トラブル事例についての原因と発生時の対処方法、第7章ではトラブル未然防止のための日常管理の重要性について触れ、第8章で小型貫流ボイラに内在するリスクや安全面の課題を総括としてまとめています。第9章、第10章では少し視点を変えてボイラにおける省エネの進め方、省エネ投資の考え方を記載しました。

本書の作成にあたっては第1章から第7章まではボイラメーカで構成されたトラブル対策プロジェクトチームに、第9章、第10章は技術士事務所 芦ヶ原環境エネルギー開発企画の芦ヶ原治之氏にお願いし、第8章を小山が担当しました。

なお、用語については本書では「ボイラ」で統一することとし、JISなどの解説部分についてはJISにそって「ボイラー」としています。

本書はこれから小型貫流ボイラ設置導入を検討されている方、現に運転管理されている方、小型貫流ボイラの安全管理やトラブル防止に悩まれている方、改善や省エネを検討されている方にとって、手軽な座右の書として利用いただきたいと考えています。さらに技術資料や教育資料として活用されることはもとより、小型貫流ボイラに関与する方にとって新しい視点が得られることを期待しています。

最後になりましたが、本書を発刊するにあたりましては多くの方々からご協力をいただきました。特に本書執筆の機会をいただきました日刊工業新聞社の奥村功出版局長、企画段階から多くのアドバイスをいただきましたエム編集事務所の飯嶋光雄氏に心から感謝申しあげます。

2016年12月

監修者　小山富士雄

目次

はじめに ………………………………………………………………… 1

第1章 ボイラの市場動向と技術動向
- ❶-❶ 出荷台数の推移 ……………………………………………… 8
- ❶-❷ 発生蒸発量の推移 …………………………………………… 10
- ❶-❸ ボイラの技術動向 …………………………………………… 12

第2章 ボイラの種類
- ❷-❶ 炉筒煙管ボイラ ……………………………………………… 16
- ❷-❷ 水管ボイラ …………………………………………………… 16
- ❷-❸ 貫流ボイラ …………………………………………………… 17

第3章 知っておきたいボイラの技術
- ❸-❶ 関係法令 ……………………………………………………… 20
- ❸-❷ ボイラの構造 ………………………………………………… 24
- ❸-❸ ボイラの制御一般 …………………………………………… 27
- ❸-❹ ボイラの用語解説 …………………………………………… 31
- ❸-❺ 付属設備 ……………………………………………………… 38

第4章 トラブルはなぜ起こるのか
- ❹-❶ 原因分析 ……………………………………………………… 48
- ❹-❷ 技術的原因 …………………………………………………… 48
- ❹-❸ 人的原因 ……………………………………………………… 50
- ❹-❹ 経済的原因 …………………………………………………… 52

第5章 トラブルを減らすためのアプローチ

- ⑤-❶ 機械系トラブル ……………………………………… 56
- ⑤-❷ システム系トラブル …………………………………… 56
- ⑤-❸ 運転方法トラブル ……………………………………… 57
- ⑤-❹ その他のトラブル ……………………………………… 58
- ⑤-❺ トラブルを減らすためのアプローチ ………………… 59

第6章 トラブル事例、その原因と対処法

- ⑥-❶ 給水ラインのトラブル
  1. タンクヘッド不足による給水不良 …………………… 70
  2. キャビテーションによるポンプ性能低下 …………… 71
  3. 軟水装置の選定ミスで硬度漏れの発生 ……………… 73
  4. 塩の固結現象による軟水装置再生不良 ……………… 75
  5. ボイラ水の逆流でポンプ破損 ………………………… 77
  6. ボイラ負圧による満水トラブル ……………………… 78
  7. ドレン回収改造によるトラブル ……………………… 80
- ⑥-❷ 薬注装置のトラブル
  1. 薬液切り替え時の注意事項 …………………………… 82
  2. 熱による薬剤外部漏れ ………………………………… 83
- ⑥-❸ 燃料ラインのトラブル
  1. 燃料膨張での配管油漏れ ……………………………… 85
  2. オイルポンプエア抜き弁の閉止不良による外部漏れ … 86
  3. 燃料配管の詰まり ……………………………………… 88
  4. スス付着による効率低下 ……………………………… 89
- ⑥-❹ 蒸気ラインのトラブル
  1. エア混入による蒸気熱伝達不良 ……………………… 91
  2. ドレン溜りによるウォータハンマ現象 ……………… 92
  3. 安全弁の故障 …………………………………………… 94
  4. ディスクトラップを保温して開弁不良 ……………… 96
  5. 蒸気配管の伸縮不足によるトラブル ………………… 97

❻-❺ 腐食のトラブル

1. 異種金属の接触不良 …………………………… 100
2. A重油の硫黄による腐食 ………………………… 101
3. 排ガス中の水分凝縮で腐食 ……………………… 103
4. ボイラ水のアルカリにより黄銅が腐食 …………… 105

❻-❻ 排気筒のトラブル

1. 燃焼時の通風力の影響 …………………………… 107
2. 通風抵抗 …………………………………………… 108
3. 集合煙道の形状トラブル ………………………… 110
4. ばい煙測定でのトラブル ………………………… 112
5. 排気筒の壁貫通時は接続部などに注意 ………… 113
6. ドレン抜きがないため、ドレンがボイラまで逆流 … 115
7. 長期休缶後の運転注意事項 ……………………… 117
8. 排気筒の振動と音 ………………………………… 118

❻-❼ 配線のトラブル

1. ボイラ到着時の端子台 …………………………… 120
2. ボイラ付属機器の故障でボイラ停止? …………… 121
3. 台数制御が正常に働かない ……………………… 123
4. 圧力信号や流量パルスを直接分岐しない ……… 125

❻-❽ その他のトラブル

1. ボイラ室換気の不具合 …………………………… 127
2. 排水配管のいろいろなトラブル ………………… 128
3. 高圧吹き出しが予想される配管は固定を徹底 … 130
4. 密着設置時に接近したアンカー施工は割れの元 … 131
5. ボイラの固定が不十分だと地震の際に転倒の恐れ … 133
6. ボイラ出荷時の防錆処理 ………………………… 135
7. 高効率ボイラに変更したが…… ………………… 136
8. 送風機の吸込み口のゴミ詰まり ………………… 138
9. 中圧・低圧の蒸気を供給する場合の注意事項 … 139
10. 保温材の劣化 …………………………………… 141
11. 燃焼量に適した水位でなかったため異常加熱 … 142

第7章 トラブルを未然に防ぐためのヒント
- 7-❶ 取り扱い …………………………………… 146
- 7-❷ 保　守 …………………………………… 147

第8章 ボイラの安全とリスク対策
- 8-❶ ボイラ安全運転の重要性 ………………… 152
- 8-❷ 安全とリスク管理 ………………………… 152
- 8-❸ ボイラに内在する危険源 ………………… 153

第9章 省エネ診断の視点と実効のあげ方
- 9-❶ すぐに役立つ省エネへの取り組み方とは … 158
- 9-❷ 実効のあがる省エネ活動と実施の流れ …… 158
- 9-❸ 省エネ活動の実施 ………………………… 160
- 9-❹ 現場主導での実行がポイント …………… 189

第10章 ボイラへの省エネ投資効果と優先順位
- 10-❶ 設備投資を考えるにあたって …………… 196
- 10-❷ 損益分岐点と関連用語 …………………… 196
- 10-❸ 投資回収年数（投資回収期間） ………… 199
- 10-❹ まとめ …………………………………… 203

あとがき ……………………………………………… 207
参考資料 ……………………………………………… 209
索引 …………………………………………………… 210

第 **1** 章

ボイラの市場動向と技術動向

　最近市場に出荷されるボイラのほとんどが小型貫流ボイラとなっています。ボイラの中でも小型貫流ボイラにスポットをあてて、出荷台数の推移や燃料別の動向・技術動向について説明します。

1-1 出荷台数の推移

　貫流ボイラには単一の伝熱管から構成される単管式と2本以上の伝熱管（すべての伝熱管が上昇管であること）と管寄せで構成される多管式がありますが、現在ほとんどの小型貫流ボイラは多管式となっています。

　多管式貫流ボイラの構造としては、上下の管寄せを伝熱管で繋ぐことで構成されており、缶内に有する缶水量が少ないため、保有するエネルギー量が少く圧力破壊に対しての安全性がきわめて高いことが特徴となっています。

　このように安全性が高いことにより、貫流ボイラにおいて最高使用圧力が1メガパスカル〔MPa〕以下、かつ伝熱面積が10平方メートル〔m²〕以下のボイラが小型貫流ボイラと分類され、学科と実技による特別教育を受講すればだれでも取り扱うことができるようになっています（**図1.1**）。

　一般ボイラとは別に小型ボイラの区分が省令で定められ、小型貫流

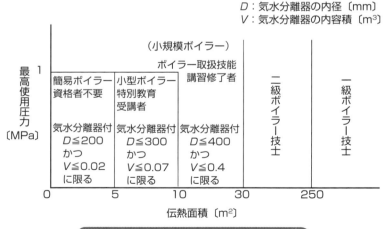

図1.1　貫流ボイラの資格者の適用区分[1]

---

1)　出典：「小型貫流ボイラーのてびき」公益社団法人 日本小型貫流ボイラー協会

ボイラは1959年ころに市場に登場したとされています。それまでは、ボイラが高価なことに加えて、取扱いについてボイラ技師の資格が必要であったため、日常的にボイラを取り扱うことが非常に困難でした。

　法規として小型ボイラの区分が定められ、小型貫流ボイラが市場に供給されることで、今までボイラを採用することができなかった事業所でもボイラを使用することが可能になりました。小型貫流ボイラは安価でコンパクトな設計に加え、保有水量が少ないため安全性が高いことに加えて、起蒸時間が短く、簡単に使用できることにより急速に広がり、製造業の近代化を促進させることとなりました。

　小型貫流ボイラは1970年ころから伝熱工学や燃焼工学の進歩により技術革新が進み、より高出力化やコンパクト化が進んでいます。また、1975年ころから、コンピュータなどの制御機器やセンサ類の発展により、より取り扱いがしやすいボイラに変貌しています。また、同時期に2〜数十台の小型ボイラを設置し、必要な台数を運転させる制御である多缶設置システムが開発され、必要なときに必要な台数のボイラを運転させることにより、省エネルギーが可能になり、今まで納入していた小規模な事業所から、それまで納入することができなかった、大容量ボイラを使用する大規模な事業所にまで販路が拡大されました。

　バブル全盛の1989年度には小型貫流ボイラなど（簡易ボイラ含む）の出荷台数は2万3,000台程度まで達しましたが、バブル崩壊後は日本経済の停滞とリンクし出荷台数については減少傾向を示しています。

　1998年以降の小型貫流ボイラの出荷台数の推移を示します（**図1.2**）。出荷台数については日本国内向け燃料焚きの小型貫流蒸気ボイラに特化しており、温水ボイラ、電気ボイラ、排熱ボイラおよび海外出荷分は含んでいません。

　ボイラの出荷台数については細かな変動はありますが、傾向としては緩やかな減少傾向を示しています。

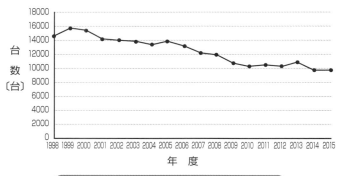

図1.2 小型貫流ボイラの出荷台数推移[2]

1-2 発生蒸発量の推移

　小型貫流ボイラは広く産業用ボイラとして採用されていますが、これはボイラ1台当たりの蒸発量の増加が起因しています（**図1.3**）。小型貫流ボイラの黎明期には最大蒸発量350キログラム毎時〔kg/h〕だったものが、1960年には750 kg/hとなり、1973年には1,000 kg/h、1975年には1,500 kg/h、1986年には2,000 kg/h、2004年には2,500 kg/h、2010年には3,000 kg/hになり、現在では黎明期の8.5倍の蒸発量まで増加しています。

　2015年度の蒸発量ごとの出荷台数について、1998年を基準とするとボイラ全体では66％まで減少しています。特に小容量になればなるほど顕著であり、1998年度比において蒸発量49 kg/h以下では27％、50～149 kg/hでは41％、150～499 kg/hであれば55％となります。500～999 kg/hにて78％、1,000～1,999 kg/hにて74％と全体平均に比べると割合は抑制されていますが、減少しています（**図1.4**）。

　ただし2,000 kg/h以上の容量については、大容量ボイラが開発されたこともあり、120％と増加していましたが、2008年度をピークに横ばい

---

2)　出典：「小型貫流ボイラーの歩み」公益財団法人 日本貫流ボイラー協会

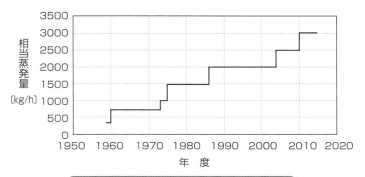

図1.3　小型貫流ボイラの蒸発量の推移[2]

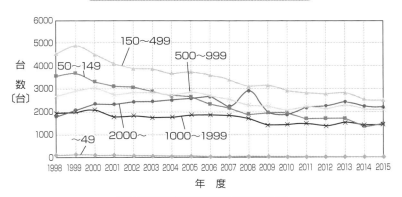

図1.4　蒸発量別の出荷推移[2]

から減少傾向にあります。

　主にクリーニング業や豆腐製造業などの小規模ユーザでの減少が激しく、ボイラの出荷も大容量化しているため、産業構造が大きく変化していると考えられます。

　また、燃料種別に1998年を基準に出荷台数の推移を比較すると、油焚きボイラについては49％まで減少していますが、ガス焚きボイラについては106％の増加となっています（**図1.5**）。また、ボイラ全体に対して油焚きボイラの占める割合は1998年には全体の70％を占めており、ガス焚きボイラの2.3倍でしたが、現在では全体の52％となって、ほぼガスと同数になっています。油焚きボイラは1998年を基準に考える

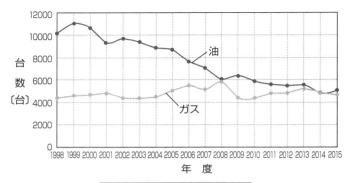

図1.5 燃料別の出荷推移[2]

と完全なる右肩下がりになっていますが、ガス焚きボイラについて増減はあるものの、ほぼ横ばい傾向に近い挙動を示しています。

ガス焚きの減少に比べて油焚きボイラの急激な減少の要因としては、排ガス中のSO_x（硫黄酸化物）やNO_x（窒素酸化物）やばいじんが多いことによる環境負荷が高い点、油の価格高騰、さらにガス供給網の整備などの要因が考えられます。

1-3 ボイラの技術動向

1.3.1 ボイラの缶体構造

小型貫流ボイラは、上部管寄せと下部管寄せとの間を複数の垂直な水管で繋ぐ構造であり、下部管寄せに給水した水は水管内を上昇するに従い、燃焼ガスと熱交換を行うことで水温の上昇から沸騰状態になります。水管内で沸騰状態になり、上部管寄せには蒸気と水の混合状態で到達し、上部管寄せおよび気水分離器（セパレータ）で水を分離することで乾き度の高い蒸気を得ることができます。

小型貫流ボイラの代表的な構造としては、水管が1列または2列の円筒状に配列された丸型缶体と水管を千鳥または碁盤目の矩形に配置した角型缶体があります。

最近では大型ボイラの代わりに小型貫流ボイラを複数台設置し、蒸気負荷に応じて台数制御を行うケースが主流です。運転台数やローテーション、運転のパターンなどが設定できる台数制御装置と複数台ボイラの組合せにより、低負荷から高負荷まで必要台数を動かすことで高効率を維持しながら、急負荷変動にも追従するなどの特長を持っています。

　図1.6に丸型缶体の一例を示します。中央部に燃焼室、その上部にバーナを配置、内列と外列の2列の水管で構成されており、直接火炎にさらされることにより、熱を受ける放射伝熱部と燃焼ガスと熱交換することで熱を受ける強制対流伝熱部とに分けることで、主に強制対流伝熱部

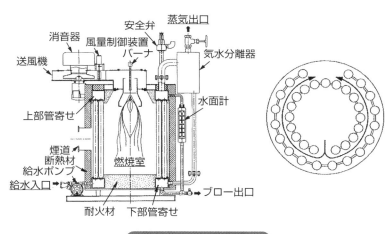

図1.6　丸型缶体の一例

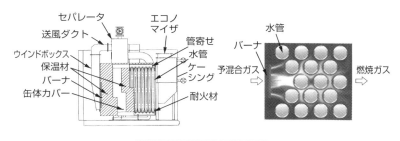

図1.7　角型缶体の一例

における熱回収量を大幅に増加させることにより高出力・高効率化を図っています。

一方、**図1.7**のような角型缶体は、予混合バーナと燃焼室を持たない缶体との組み合わせ、水管側面に隣接する位置にバーナを配置することにより、燃焼反応と伝熱を同時に行うことで火炎温度を大幅に低下させることが可能になり、排ガス中のNO$_x$（窒素酸化物）濃度を大幅に低下させています。さらに燃焼室を持たないことにより、設置面積も少なくなっています。

1.3.2　伝熱ヒレ

図1.8に示すように、強制対流部に伝熱ヒレを設置することで、伝熱面積の拡大、および排ガス流れを乱す乱流促進効果によって、ガス側の熱伝達率を増加させることにより、ボイラ効率を向上させています。

1.3.3　エコノマイザ（節炭器）

図1.9のようなエコノマイザは、ボイラの缶体で回収できなかった排ガス中に含まれる廃熱を回収する機器であり、現在では排ガス中の水分が持つ潜熱まで回収できるエコノマイザまであり、省エネとCO_2削減のため、装着率が高くなっています。

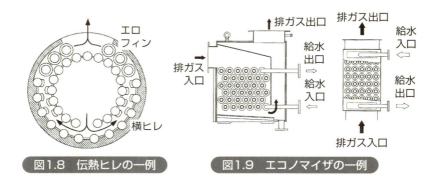

図1.8　伝熱ヒレの一例　　　図1.9　エコノマイザの一例

第2章

ボイラの種類

　蒸気ボイラには小型貫流ボイラ以外にも炉筒煙管ボイラや水管ボイラなど、さまざまな種類があり、それぞれに特徴があります。その特徴について紹介します。

2-1 炉筒煙管ボイラ

炉筒煙管ボイラは、**図2.1**のように円筒型で大口径のドラムの内側に燃焼室となる炉筒、伝熱面となる煙管があり、ボイラ本体を構成しています。これらの炉筒、煙管はいずれも水の中に没しており、炉筒内で燃料を燃焼させることにより発生する高温度の火炎は炉筒内で多量の熱を水に伝達し、さらに炉筒につながる多数の煙管の中を高温の排ガスが流れることにより熱を余すことなく回収します。

炉筒は放射熱を受け熱膨張を起こすため、アダムソン継手や波型炉筒を使用して熱応力を吸収しています。長所としては保有水量が多いため負荷変動に強く、水処理が簡易という特長があります。

短所としては、保有水量が多いため、蒸気を発生するまでの時間が必要なことや大きな設置スペースが必要なことや、ほとんどの炉筒煙管ボイラは取り扱いには資格が必要であり、年1回の性能検査が必要になります。

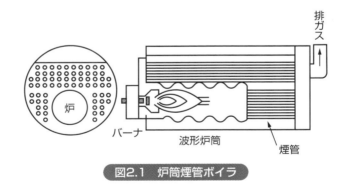

図2.1 炉筒煙管ボイラ

2-2 水管ボイラ

水管ボイラは**図2.2**に示すように上部に気水ドラム、下部に水ドラムを有しており、その間を多数の水管で結んだもので主として水管により

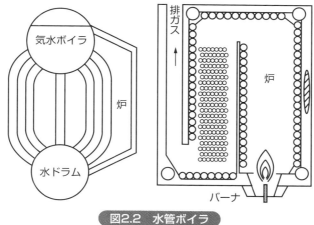

図2.2 水管ボイラ

熱伝達を行うボイラです。給水は上部のドラムから入り、水管内を流れ下部ドラムを経由しながら循環し、作られた蒸気は上部ドラムから出ていきます。

長所としては炉筒煙管ボイラのように大きなドラムがなく水管で構成されているため、高圧化が容易であり、高圧大容量ボイラが製作可能です。また、保有水量が同容量の炉筒煙管ボイラより少ないために起蒸時間が短いことがあげられます。

短所としては、水処理が大変であることや大きな設置スペースが必要になります。また、ほとんどの水管ボイラは取り扱いには取扱資格が必要であり、年1回の性能検査が必須になっています。

2-3 貫流ボイラ

貫流ボイラには単管式と多管式があります。単管式貫流ボイラは長く細いパイプの一端からポンプで押し込まれた給水がパイプ内を流れるにつれ加熱されて他端から蒸気として取り出される形式のボイラです（図2.3）。多管式貫流ボイラは上部管寄せと下部管寄せ部の間を複数の

垂直な水管で結んだ構造です（**図2.4**）。下部管寄せへ給水を行い、水が水管を上昇する間に蒸気と水の気水混合状態になり、これを上部管寄せ、または気水分離器へ送り込み、水を分離して蒸気を得ます。

特徴としては、保有水量が、非常に少ないため蒸気が発生するまでの時間が短く、コンパクトで設置スペースが小さく、条件によっては取扱資格が不要になります。

短所としては、水処理が大変であることや保有水量が少ないために瞬間的に多量の蒸気を発生させることが難しいことなどがあげられます。

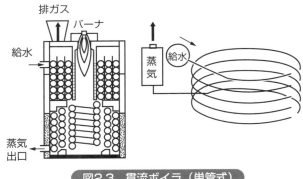

図2.3　貫流ボイラ（単管式）

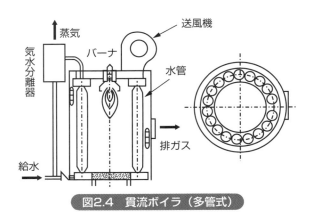

図2.4　貫流ボイラ（多管式）

第3章

知っておきたいボイラの技術

ここでは、ボイラ法規・届出関連・構造詳細・用語・付属設備など、トラブルを回避するために知っておいていただきたい内容についてまとめます。

第3章

3-1 関係法令

3.1.1 法規の種類

小型貫流ボイラに関する法規は労働安全衛生法（略称〔法〕）に基づいて、細かく規定が示されています。特に関係するものは、

- 労働安全衛生法施行令（略称〔令〕）
- 労働安全衛生規則（略称〔則〕）
- ボイラー及び圧力容器構造規格
- ボイラー及び圧力容器安全規則（略称〔ボイラー則〕）

3.1.2 小型貫流ボイラの定義に関する法規

小型貫流ボイラの定義に関しては、以下のとおりです。

〔ボイラー則〕第1条第2号

〔令〕 第1条第4号に掲げるボイラー

〔令〕第1条第4号

（ホ） ゲージ圧力1メガパスカル以下で使用する貫流ボイラー（管寄せの内径が150ミリメートルを超える多管式のものを除く。）で、伝熱面積が10平方メートル以下のもの（気水分離器を有するものにあっては、当該気水分離器の内径が300ミリメートル以下で、かつ、その内容積が0.07立方メートル以下のものに限る。）

なお、貫流ボイラーの定義は昭和38.3.18基発第267号より「貫流ボイラー」とは、管によって構成され、一端から水または熱媒を送り込み、他端から蒸気、温水等を取り出す水管ボイラーをいうものであること。

なお、「貫流ボイラー」には、単一の加熱管より成る単管式ならびに2本以上の加熱管および管寄せより成る多管式（加熱管のすべてが上昇管であり、最大給水量に対する循環水量の比が2以下のものに限る。）とがあるものであること。

ちなみに簡易ボイラの定義は下記のとおりです。

簡易ボイラー（ボイラー、小型ボイラーに法令上含まれないもの）

〔令〕第1条第3号ボイラー　蒸気ボイラー及び温水ボイラーのうち、次に掲げるボイラー以外のものをいう。

(ホ)　ゲージ圧力1メガパスカル以下で使用する貫流ボイラー（管寄せの内径が150ミリメートルを超える多管式のものを除く。）で、伝熱面積が5平方メートル以下のもの（気水分離器を有するものにあっては、当該気水分離器の内径が200ミリメートル以下で、かつ、その内容積が0.02立方メートル以下のものに限る。）

3.1.3　小型貫流ボイラ取扱者の教育・定期自主検査に関する法規

（特別の教育）

〔ボイラー則〕第92条　事業者は、小型貫流ボイラーの取扱いの業務に労働者をつかせるときは、当該労働者に対し、当該業務に関する安全のための特別の教育を行わなければならない。

（2）　前項の特別の教育は、次の科目について行うものとする。

1　ボイラーの構造に関する知識
2　ボイラーの附属品に関する知識
3　燃料及び燃焼に関する知識
4　関係法令
5　小型貫流ボイラーの運転及び保守
6　小型ボイラーの点検

（3）　安衛則（安全衛生規則）第37条及び第38条並びに前2項に定めるもののほか、第1項の特別の教育の実施について必要な事項は、労働大臣が定める。

（特別教育の記録の保存）

〔則〕第38条　事業者は、特別教育を行ったときは、当該特別教育の受講者、科目等の記録を作成して、これを3年間保存しておかなければならない。

（定期自主検査）

〔ボイラー則〕第94条　事業者は、小型ボイラー又は小型圧力容器について、その使用を開始した後、1年以内ごとに1回、定期に、

次の事項について、自主検査を行わなければならない。ただし、1年を超える期間使用しない小型ボイラー又は小型圧力容器の当該使用しない期間においては、この限りではない。

　（一）　小型ボイラーにあっては、ボイラー本体、燃焼装置、自動制御装置及び付属品の損傷又は異常の有無
　（二）　小型圧力容器にあっては、本体、ふたの締付けボルト、管及び弁の損傷又は摩耗の有無
　（２）　事業者は、前項ただし書の小型ボイラー又は小型圧力容器については、その使用を再び開始する際に、同項各号に掲げる事項について自主検査を行わなければならない。
　（３）　事業者は、前２項の自主検査行ったときは、その結果を記録し、これを３年間保存しなければならない。

（補修等）
〔ボイラー則〕第95条　事業者は、前条第１項又は第２項の自主検査を行った場合において、異常を認めたときは、補修その他必要な措置を講じなければならない。

3.1.4　事故報告に関する法規

（事故報告）
〔則〕第96条　事業者は、次の場合は、遅滞なく、様式第22号による報告書を所轄労働基準監督署長に提出しなければならない。

　（三）　小型ボイラー、令第１条第５号の第一種圧力容器及び同条第７号の第二種圧力容器の破裂の事故が発生したとき

3.1.5　小型貫流ボイラの届出に関して

　小型貫流ボイラおよび関連する付帯設備の設置届出は、多岐にわたります。**表3.1**に労働基準監督署、官公庁への届出書類、**表3.2**、**表3.3**に消防署への届出を示します。なお、ボイラ容量や消費する燃料使用量によっては届出が不要であったり、地域によっては届出に上乗せ条例などがあり、上記の表以外にも届出などが必要な場合があります。

表3.1 労働基準監督署、官公庁への届出書類

届出書類	届出先	提出期限	関連法規
小型ボイラー設置報告書	労働基準監督署長	設置後遅滞なく	ボイラー則
ばい煙発生施設設置届出書	都道府県または政令で定める市	着工60日前	大気汚染防止法
特定施設設置届出書	市町村長	着工30日前	騒音規制法

表3.2 消防署への届出書類(予防係)

条例名	各市町村火災予防条例		
届出先	所轄消防署設備(予防係)		
届出期限	着工あるいは工事開始7日前		
分類	取扱い	貯蔵	
	ボイラー設置届	少量危険物	少量危険物
届出対象	小型ボイラー 簡易ボイラー ※入力70 kW以上	燃料タンク容量または1日の燃料消費量が、200〜1,000 L未満(灯油) 400〜2,000 L未満(重油)	燃料タンク容量が下記のとき、200〜1,000 L未満(灯油) 400〜2,000 L未満(重油)

表3.3 消防署への届出書類(危険物係)

条例名	危険物の規制に関する政令			
届出先	所轄消防署危険物係			
届出期限	工事着工30日前			
分類	取扱い	貯蔵		
	一般取扱所	屋内タンク貯蔵所	屋外タンク貯蔵所	地下タンク貯蔵所
届出対象	燃料タンク容量または1日の燃料消費量が、1,000 L以上(灯油) 2,000 L以上(重油)	屋内に置くタンクの容量が、1,000 L以上(灯油) 2,000 L以上(重油)のとき	屋外に置くタンクの容量が、1,000 L以上(灯油) 2,000 L以上(重油)のとき	タンクの容量が、1,000 L以上(灯油) 2,000 L以上(重油)のとき

3-2 ボイラの構造

ボイラの原理や伝熱作用、構造詳細について記載します。

3.2.1 ボイラ

ボイラには蒸気ボイラと温水ボイラとがあり、その定義は**表3.4**のとおりです。

3.2.2 伝　熱

ボイラは熱交換を行う装置であり、一方の側が水、蒸気などの被加熱流体に触れ、他の側が燃焼ガスなどの加熱流体に触れる面を伝熱面という。燃焼室で放射（輻射）を受ける面を放射（輻射）伝熱面といい、ガス通路部で主として燃焼ガスとの接触によって熱を受ける面を対流伝熱面という。ボイラではこの伝熱面を介して熱が移動する。**図3.1**はボイラにおける伝熱過程を模式化したもので、次のように分類して考えられる。

表3.4　ボイラーの定義

ボイラー	蒸気ボイラー	「蒸気ボイラー」とは火気、燃焼ガス、その他の高温ガス（以下「燃焼ガス等」という。）または電気により、水または熱媒を加熱して、大気圧を超える圧力の蒸気を発生させて、これを他に供給する装置ならびにこれに附設された加熱器および節炭器をいうものであること。 　この「装置」とは、ボイラー本体のほか、これに附設された主蒸気止め弁、給水弁および吹出弁ならびに本体とこれらの弁との間の蒸気管、給水管および吹出管をいう。
	温水ボイラー	「温水ボイラー」とは火燃焼ガス等または電気により、圧力を有する水または熱媒を加熱してこれを他に供給する装置をいうものであること。 　この「装置」とは、ボイラー本体のほか、これに附設された主止め弁（主止め弁がない場合には、本体に最も近いフランジ継手）、給水弁および吹出弁ならびに本体とこれらの弁との間の温水管、給水管および吹出管をいう。
「高温ガス」とは、燃焼ガス（排ガスを含む）、高炉ガス、発生炉ガスのほか、温度350℃以上の反応ガスを含む。 「熱媒」とは、水銀、ダウサム油等の媒体となるものをいう。		

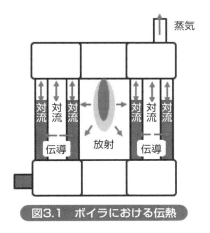

図3.1 ボイラにおける伝熱

- 燃焼室内で火炎から水管外側への放射（輻射）
- ガス通路部で燃焼ガスから水管外側への対流
- 水管壁内への伝導
- 水管内面から水への対流

ボイラでは、伝熱の基本機構である「伝導」「対流」「放射（輻射）」の3種類を使って燃焼により発生する熱を水に伝えています。

3.2.3　熱媒ボイラ

高温がほしい場合、水蒸気では蒸気圧力が高くなりすぎるため、熱媒体としては使いにくくなります。200～300℃程度の高温範囲で使用したい場合は、熱媒油を使用したボイラ（**図3.2**　熱媒ボイラ）による対応が可能です。熱媒ボイラのメリットとしては、

- 高温を得るのに高い圧力を必要としない
- 水処理が不要で、腐食やスケールの心配がない
- 熱媒は密閉回路を循環するのでブローやドレンロスがない
- 液相で間接加熱を行うため、熱容量が大きく温度制御が容易

3.2.4　廃熱ボイラ

コージェネレーションシステムの構成要素として廃熱ボイラがあります。図3.3に廃熱ボイラの一例を示します。

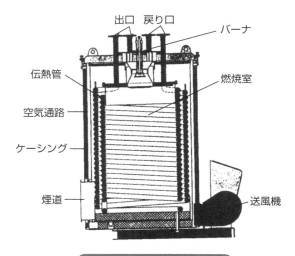

図3.2 熱媒ボイラの一例

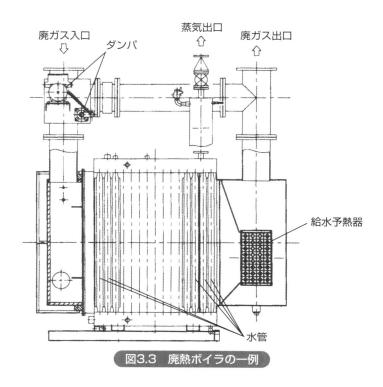

図3.3 廃熱ボイラの一例

3-3 ボイラの制御一般

最近の小型貫流ボイラはマイコン化されており、運転はすべて自動化されています。ボイラの制御について、制御系統ごとに詳細を記載します。

3.3.1 燃焼制御

蒸気圧力の信号によりバーナを自動的に発停させる制御、また低水位などの重故障や燃焼可能条件が整わない場合が発生したときのインターロック制御、燃焼が確実に行えているかを監視する火炎検出装置、燃料遮断弁などで構成されています。燃焼装置の果たす基本的な役割は下記のとおりです。

- 自動的に燃焼の発停を行う
- 一定のロジック、監視に沿ってバーナを安全に運転させる
- 制御機器などを介して設定値以上の異常からボイラを保護する

図3.4は火炎検出装置の一例として液体燃料使用時に使用される火炎検出器（可視光線式）を、図3.5は気体燃料使用時に使用される火炎検出器（紫外線式）を示します。

（1） 液体用バーナ

一般的に油圧噴霧式バーナが採用されています。油をポンプで加圧し、

図3.4 火炎検出器（可視光線式）

図3.5 火炎検出器（紫外線式）

ノズルチップから燃焼室内に噴出します。図3.6に油圧噴霧式バーナの一例を示します。

（2） ガスバーナ

ガスと空気の混合方式の違いにより、先混合燃焼方式と予混合燃焼方式に分けられます。先混合方式は、空気とガスを別々に噴出し、混合させながら燃焼させる方式で、図3.7に一例を示します。予混合方式は、空気とガスをあらかじめ混合した後、燃焼させる方式です。この方式には燃焼用空気の全量を混合する完全予混合形と、一部の空気をあらかじ

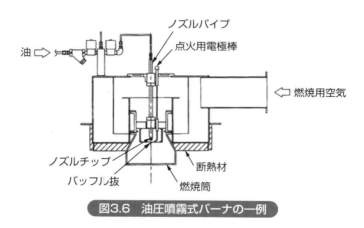

図3.6　油圧噴霧式バーナの一例

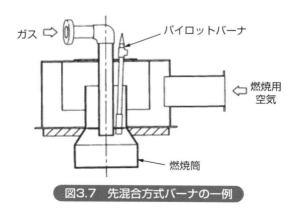

図3.7　先混合方式バーナの一例

め混合し、残りの空気を燃焼時に二次空気として混合させる部分予混合形があります。

3.3.2 蒸気圧力制御

蒸気圧力を圧力スイッチや圧力センサで監視し、蒸気圧力が一定になるように燃焼量を制御させます。バーナの燃焼量制御の細かさなどで、下記の3つに分かれます。

(1) ON-OFF制御

連続的制御は行わずに、ボイラ圧力が一定になるように蒸気圧力に上限、下限を設定し、その範囲で燃焼をON-OFFさせる方法です。

図3.8に蒸気圧力と燃焼量の例を示します。

(2) 三位置制御

負荷に応じてバーナ燃焼を3段階（高燃焼・低燃焼・停止）に変化させる制御です。最近では3段階以上で制御を行う方法も増えています（四位置制御、多位置制御など）。図3.9に蒸気圧力と燃焼量の例を示します。

(3) 比例制御

ボイラ蒸気圧力が一定になるように、負荷に比例して連続的に燃焼量と空気量を同時操作する制御です。小型貫流ボイラではあまりないですが、容量の大きい貫流ボイラでは採用されている機器があります。

図3.10に蒸気圧力と燃焼量の例を示します。

蒸気圧力を検知するものとして、蒸気圧力スイッチがあります。

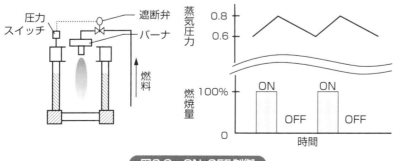

図3.8　ON-OFF制御

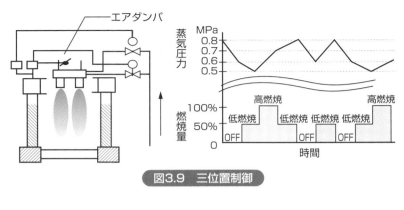

図3.9 三位置制御

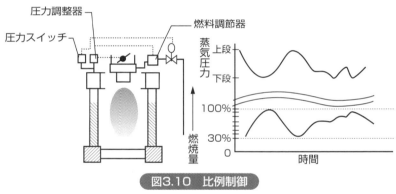

図3.10 比例制御

図3.11に一例を示します。最近のボイラでは、マイコン化により主の蒸気圧力制御は圧力を電流信号や電圧信号で伝達する蒸気圧力センサとなっています。圧力スイッチは、バックアップ動作やセーフティ動作で使用されるケースが増えています。

3.3.3 水位制御

　フロート式や電極式の水位検出器により、燃焼量などに応じてボイラ缶水を一定に保つため、給水ポンプの発停などを行う制御です。小型貫流ボイラの主流は電極式水位検出器（**図3.12**）ですが、最近のボイラでは水位センサを用い、給水ポンプをインバータ制御することで細やかな制御を行っています。

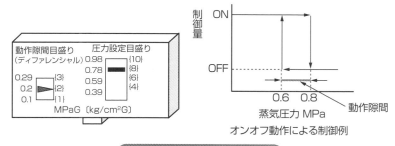

図3.11 蒸気圧力スイッチ

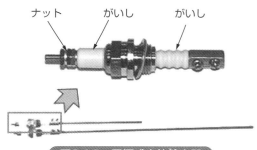

図3.12 電極式水位検出器

3.3.4 安全増

ボイラ運転では事故防止のため、安全増の装置は絶対に必要です。ボイラ運転中に異常が発生した場合、各種安全装置が作動し、バーナカットしてブザーで停止したことを知らせる必要があります。

表3.5に安全装置の例を示します。これらの安全装置は、ボイラの機種容量や燃料種に応じ、組み合わされてボイラの安全増となっています。

3-4 ボイラの用語解説

ボイラの取扱いや選定にあったってはいろいろな用語が登場します。この項ではその用語について説明します。

3.4.1 熱量の単位

SI単位では、1kgの質量に作用して$1\,\mathrm{m/s^2}$の加速度を生じる力を、

表3.5　安全装置例

安全装置	水位	低水位用電極式水位検出器 高水位用フロート式水位検出器
	圧力	蒸気圧力高燃料遮断用蒸気圧力スイッチ 安全弁
	燃焼	火炎検出装置 風圧検出装置 高圧カット用ガス圧力スイッチ 低圧カット用ガス圧力スイッチ
	温度	水管温度検出装置 蒸気圧力検出装置 排ガス温度検出装置
	その他	サーマルリレー 感震装置※ ガス漏れ検出装置 漏電遮断装置

※感震装置：地震を検出し、ボイラに燃焼停止信号を出力する装置。鋼球が台座から落下することによって作動させる鋼球ころがり方式や、加速度センサ、マグネット式などがあります。

力の単位としてニュートン〔N〕で表します。この1Nの力が作用してその力の方向に物体を1m動かすときの仕事を、仕事の単位としてジュール〔J〕で表します。そして、この1Jの仕事に相当する熱量を、熱量の単位として仕事と同じ1Jで表します。

　非SI単位系であるキロカロリー〔kcal〕、カロリー〔cal〕との換算は次のとおりとなります。

- 1 kcal = 4.186 kJ
- 1 cal = 4.186 J
- 1 kWh = 3,600 kJ

3.4.2　飽和温度・飽和圧力・飽和水・飽和蒸気

　水を蒸気に入れて一定圧力のもとで熱すると、次第に水の温度が上がります。その圧力に相当した温度に達すると、温度上昇が止まって沸騰が始まります。このときの温度を、その圧力に相当する飽和温度といい、また、そのときの圧力を、その温度に対する飽和圧力といいます。

標準大気圧下の水の飽和温度は100度で、圧力が高くなるに従って、飽和温度は上昇、それぞれの圧力に対し、その飽和温度は一定の関係にあります。

　水が飽和温度に達して沸騰を開始してからすべての水が蒸気になるまでは、水を飽和水、蒸発してできた蒸気を飽和蒸気といいます。**図3.13**では標準気圧のとき、0度の水に熱を加えたときの状態変化を表しています。

3.4.3　顕熱・潜熱・比エンタルピ

　図3.13のとおり、水に熱を加えると最初は温度上昇に熱量が使われ、飽和温度に達すると沸騰という状態変化に熱量が使われます。前者の場合は、加えた熱が温度上昇によって内部に蓄えられるもので、この熱を顕熱といいます。後者の場合は温度変化がなく、蒸発という状態変化に用いられる熱で、この熱のことを潜熱と呼びます。液体の蒸発のために使われる潜熱は、蒸発熱ともいいます。標準大気圧のもとにおける水の蒸発熱は、水の質量1kgについて約2,257kJです。1kgの水、蒸気などの全熱量を比エンタルピといいます。

- 飽和水の比エンタルピ：顕熱
- 飽和蒸気の比エンタルピ：顕熱＋潜熱＝全熱

3.4.4　圧　力

　圧力とは単位面積に働く力のことで、SI単位ではパスカルで表されます。小型貫流ボイラの蒸気圧力ではメガパスカル〔MPa〕で表記される

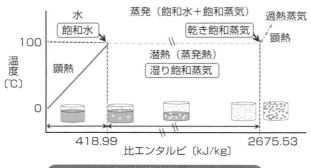

図3.13　水の状態変化（標準大気圧）

ことが多く、通常は圧力計表記の「ゲージ圧力」で記載されています。ゲージ圧力は、大気圧よりどのくらい高いかを示す値で、ゲージ圧力に大気圧を加えたものが「絶対圧力」となります。

絶対圧力〔MPa〕= ゲージ圧力〔MPa〕+ 0.101325〔MPa〕

3.4.5 蒸発量

ボイラの蒸発量を示す用語として、実際蒸発量と相当蒸発量があります。

実際蒸発量：所定の蒸気圧力、給水温度における毎時間当たりの蒸発量を表します。この値は、ボイラを運転する際の給水温度、蒸気圧力によって異なります。

相当蒸発量（換算蒸発量）：大気圧において、100 ℃の飽和水から100 ℃の飽和蒸気を発生させる場合の蒸気量を表します。ボイラの蒸発量は、実際蒸発量で記載したとおり、給水温度と蒸気圧力によって変化します。そのため、ボイラの容量を比較する際の基準として相当蒸発量が使われます。図3.14に蒸発量の考え方について記載します。

なお、実際蒸発量と相当蒸発量の関係は式3.1のとおりです。

3.4.6 ボイラの効率

ボイラ効率の算出方法はJIS B 8222で規定されています。なお、ボイラ効率を算出する際の燃料発熱量は、低位発熱量を使用しています。そのため、最近の小型貫流ボイラでは潜熱を回収し、ボイラ効率が100 %を

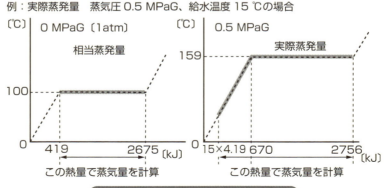

図3.14　相当・実際蒸発量の考え方

$$\text{実際蒸発量} = \frac{\text{相当蒸発量} \times 2,257}{(\text{蒸気のエンタルピ} - \text{給水のエンタルピ})}$$

実際蒸発量：kg/h
相当蒸発量：kg/h
蒸気のエンタルピ：kJ/kg
給水のエンタルピ：kJ/kg

式3.1　相当・実際蒸発量の関係式

超えるものもあります。

（1）入出熱法

ボイラに供給された総熱量に対し、水および蒸気に吸収された熱量の比をパーセントで表したもので、**式3.2**の方法で求めます。

$$\text{効率} = \frac{\text{実際蒸発量} \times (\text{蒸気のエンタルピ} - \text{給水のエンタルピ}) \times 100}{\text{燃料消費量} \times \text{燃料低位発熱量}}$$

効率：％
実際蒸発量：kg/h
蒸気のエンタルピ：kJ/kg
給水のエンタルピ：kJ/kg
燃料消費量：kg/h もしくは m^3/h
燃料低位発熱量：kJ/kg もしくは kJ/m^3

式3.2　入出熱法

（2）排ガス損失法

ボイラに供給された燃料の発熱量より、排ガスとして損失する熱量を差し引き、ボイラに吸収された熱量の割合を算出、さらにボイラ本体から放熱する割合を差し引いて有効熱量割合を％で表したもので、**式3.3**の方法で求めます。

$$\text{効率} = \left[1 - \frac{\text{排ガス損失熱量}}{\text{燃料低位発熱量}} \right] \times 100 - \text{本体放熱割合}$$

効率：%
排ガス損失熱量：kJ/kg もしくは kJ/m^3
燃料低位発熱量：kJ/kg もしくは kJ/m^3
本体放熱割合：%

式3.3 排ガス損失法

実際にボイラを負荷に応じて運転させた場合、**図3.15**のとおり缶水の濃縮を防ぐためのブロー制御や、低負荷によるボイラの発停で生じるパージや停止など、さまざまな損失が生じます。

3.4.7 水質用語

ボイラの水質についてはJIS B 8223で規定されています。

(1) pH

給水配管やボイラ缶内防食のために管理する項目です。7未満が酸性、7を超えるとアルカリ性で、ボイラ缶水は11.0～11.8の範囲とされています。

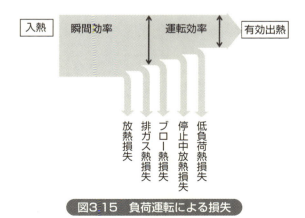

図3.15 負荷運転による損失

（2） 電気伝導率

　給水およびボイラ水に含まれる不純物濃度の指標であり、キャリオーバの管理や濃縮度を管理する項目です。1MPa以下の小型貫流ボイラの缶水電気伝導率は400ミリジーメンス毎メートル〔mS/m〕以下とされています。

（3） 酸消費量（pH4.8）

　　原水中の酸消費量（pH4.8）成分は炭酸水素イオン濃度とほぼ等しくなっています。これはボイラ内で分解してpHを上昇させるために、ボイラ水のpHが適正範囲になるようアルカリ成分の薬注量などに配慮する必要があります。ボイラ缶水は100～800 mg/L以内とされています。

（4） 全硬度

　スケール成分（カルシウムイオンやマグネシウムイオン）を炭酸カルシウムの量に換算したもので、軟水装置の再生サイクルを決定する際に使用されます。ボイラの給水基準は1mg/L以下です。

（5） 全　鉄

　地下水にはイオン状の鉄が数ミリグラム毎リットル〔mg/L〕含まれていることがあり、これは陽イオン交換樹脂を汚染し、イオン交換能力を低下させる場合があります。また、酸化して懸濁状となっている鉄もボイラ水を着色させたりスケール生成の要因となります。ボイラ給水の基準値は0.3 mg/L以下となっています。

（6） シリカ

　シリカ濃度が高いとカルシウムイオンやマグネシウムイオンと結合して硬質なスケールを生成するので、給水中の硬度もこれに十分注意する必要があります。

（7） 塩化物イオン

　塩化物イオンはボイラ内で分解・析出することがないため、給水とボイラ缶水の値を比較することにより濃縮度を管理することができます。

　なお、塩化物イオンが非常に高くなると腐食を促進することがあり、ボイラ缶水は400 mg/L以下となっています。

(8) 溶存酸素

pHとともに給水配管、ボイラ缶水を腐食させる主要な成分です。給水温度が低いほど多く含まれており、脱酸素薬品を注入する、機械的に脱酸素を行うなどによって除去しておく必要があります。

(9) 懸濁物

河川水は懸濁物が多い傾向があります。特に雨の後は土壌粒子を巻き込んでしまい、かなり懸濁した状態になります。これ以外にもプランクトンなどの微生物や家庭雑排水の混入も原因の1つです。地下水も酸化鉄を主体とする懸濁物を含んでいることがあり、多い場合には砂ろ過・除鉄装置などで除去する必要があります。

3-5 付属設備

蒸気が必要な場合、ボイラのみを設置すれば蒸気が作れるというわけではなく、ボイラへ軟水を供給する軟水装置や、燃料を貯蔵するタンクやガス供給設備、燃焼排ガスを排出する排気筒など、図3.16のフロー

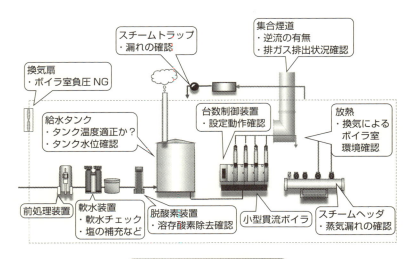

図3.16 ボイラ設備フロー

に示すような付属設備を含めたボイラシステムとする必要があります。

ここでは、ボイラを動かすにあたって、必要な付属設備について紹介します。

3.5.1 軟水装置（図3.17）

陽イオン交換樹脂を詰めた樹脂筒に、原水を通過させて硬度分を除去する装置です。原水の水質により、硬度を除去する水量が変わってくるために原水の水質を把握して選定する必要があります。また、陽イオン交換樹脂はイオン交換能力に限界があるため、定期的に塩水によって再生を行う必要があります。塩水となっていない場合は再生できず、硬度漏れが発生しますので、塩水タンクは常に塩で満たす必要があります。

再生時は行程によって大量の排水が発生します。また、24時間使用のユーザでは樹脂筒を2本用意して交互に運転し、軟水が供給できるようにする必要があります。

3.5.2 給水タンク

軟水を一時的に蓄えるタンクです。ボイラが無水の状態から給水する場合などがあるため、ボイラ保有水量以上の蓄えが必要になります。ドレンを回収する場合はこのタンクで回収を行うことがほとんどです。その場合は、タンク内の水温が100℃近くまで上昇するため、保温などの

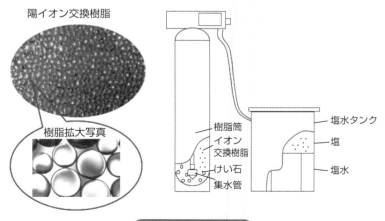

図3.17　軟水装置

対策が必要になります。また、ボイラ付属の給水ポンプの必要吸込ヘッドを確保するための水面高さヘッドも必要となりますが、あまり高くしすぎると停止中ボイラに落差で自然流入することがあるので水面高さにはバランスが必要です。軟水に硬度分が溶け出さないこと、さびの防止など、タンクの材質にも気を使う必要があります。

3.5.3 薬注装置・薬液

pH調整や脱酸素、スケールを分散させるためにボイラ給水に少量の薬液を投入します。薬液は高濃度のアルカリですので、薬注装置の接液部は、プラスチックで構成されている場合がほとんどです。そのため、破損しないよう設置工事などでは慎重に取り扱う必要があります。

薬液が最適に投入されない場合、ボイラ水管内腐食やスケール付着などのトラブル発生が考えられます。

3.5.4 脱酸素装置

薬注による脱酸素のほか、装置による脱酸素を行う場合があり、気体の溶解度が沸点で「0」になることを用いた方法や、「ヘンリーの法則」を用いた方式などがあります。

(1) 加熱脱気

給水をボイラからの蒸気を用いて加熱し、沸点付近に保つことで溶存気体を除去する方法です。大型のボイラでは用いられていますが、小型貫流ボイラではエコノマイザ内で局部沸騰するなどの不具合も考えられるため、あまり用いられません。

(2) 真空脱気

給水を真空ポンプを用いて減圧し、沸騰状態にすることで溶存気体を除去する方法です。

(3) 膜式脱気

気体通過膜を用いて給水中の溶存酸素を除去する方法です。この装置は、膜の片側に被処理水を通し、反対側を真空にします。このとき膜を介して気体濃度の濃淡が生じて気体分子は、濃度の薄い側（真空側）に移動して被処理水に含まれる溶存気体を除去するものです。

（4） 窒素脱気

給水と窒素ガスを接触させると、給水中の溶存酸素は酸素分圧の低い窒素ガス側に移動する現象を利用して溶存酸素を除去する方法です。原理は、気体が溶媒（液体）に溶けるとき、気体の溶解度は接触する気体の圧力（分圧）に比例する「ヘンリーの法則」に基づいています。

3.5.5　油タンクおよび油サービスタンク

液体燃料の場合、燃料である油をストックするタンクが必要です。また、流出の際に被害を最小限とするために100～400Ｌ程度のサービスタンクを設置し、メインタンクはボイラ室外の屋外（**図3.18**）や地下（**図3.19**）に設置するケースが一般的です。

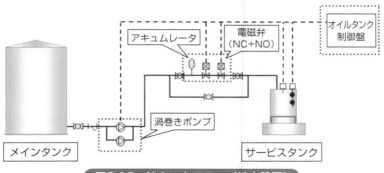

図3.18　油タンクフロー（地上設置）

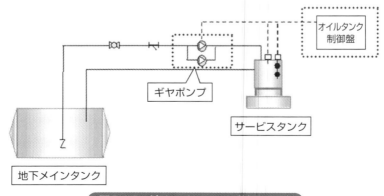

図3.19　油タンクフロー（地下設置）

3.5.6　集合煙道

複数台の小型貫流ボイラを設置した場合、排気筒を1本にまとめることがあります。排気ガスは温度が高く、また、高さが高いほど抜けやすく、逆に排ガス温度が低い、または高さが低い場合には抜けにくくなるなど、排気ガス温度、排気筒高さ、各ボイラの燃焼状態によって煙道内の圧力が変動します。そのため、ボイラに送られる空気量が変化するため、その変動量がボイラの燃焼に支障のない範囲か確認する必要があります。また、排気ガスの抜けが悪く、停止中ボイラに排気ガスが逆流しないように高さや口径を設計する必要があります。

3.5.7　ボイラ室

（1）　ボイラ基礎

アンカーでボイラが確実に固定できるような床面とする必要があります。また、油を燃料とする場合、消防などから万一の油流出の際に一定方向に流れるように床面に勾配をつけ、最下部に枡（ます）を用意するように指示される場合があるため、事前に十分な打ち合わせが必要です。

（2）　貫通部

蒸気配管や排気筒など、高温の配管を壁貫通させる場合は、必ず断熱処理が必要です。また、差込み式の排気筒では差し込み部分が貫通部にかからないようにする必要があります。

（3）　換　気

燃焼用空気とボイラおよび付属機器、配管や排気筒などからの放熱を除去する空気量分を考慮して、換気量やガラリ面積の計算、選定を行う必要があります。また、ボイラ室が負圧になると燃焼用空気が確保できずに不完全燃焼となるため、給気が自然給気、排気が強制排気の第3種換気は不適です。

（4）　関連法規

ボイラ室や設置に関する関連法規について、**表3.6**に示します。

※法内容一部抜粋しています。また、普通ボイラに関する条例であっても、日本小型貫流ボイラー協会にて準用を定めている場合は、備考欄に記載します。

表3.6 ボイラ室や設置に関する関連法規

項目	条文	内容	備考
ボイラ室の設置場所	ボイラー及び圧力容器安全規則第18条	事業者はボイラーについては専用の建物または建物の中の障壁で区画された場所に設置しなければならない。	普通ボイラについて定めた条文ですが、小型ボイラも準用
	東京都火災予防条例第3条	最大消費熱量が175キロワット以上のボイラーは、不燃材料で造った壁、柱、床及び天井で区画され、且つ窓及び出入り口等に防火設備を設けた室内に設けること。但し、周囲に有効な空間を保有する等火災予防上安全な措置を講じた時は、この限りではない。	
	東京都火災予防条例第3条5項	屋内に設ける場合にあっては、土間又は金属以外の不燃材で造った床上に設けること。 但し、金属で造った床上に設ける場合において防火上有効な措置を講じた時は、この限りではない。 壁・柱・床及び天井は不燃材で造られ、又は覆われたものであること。	
	東京都火災予防条例第3条6項	地震動その他の振動又は衝撃により容易に転倒し、亀裂し、又は破損しない構造とすること。	基礎ボルトの施工を実施すること。
ボイラ室の出入り口	ボイラー及び圧力容器安全規則第19条	事業者はボイラー室には2以上の出入口を設けなければならない。但し、ボイラーを取り扱う労働者が緊急の場合に避難するのに支障がないボイラー室については、この限りではない。	普通ボイラについて定めた条文ですが、小型ボイラも準用します。
	東京都火災予防条例第3条	最大消費熱量が350キロワット以上のボイラーは、不燃材料で造った壁、柱、床及び天井で区画され、且つ窓及び出入り口等に防火設備を設けた室内に設けること。但し、周囲に有効な空間を保有する等火災予防上安全な措置を講じた時は、この限りではない。	

項目	条文	内容	備考
ボイラの据付位置	ボイラー及び圧力容器安全規則第20条1項	ボイラーの最上部から天井、配管その他のボイラー上部にある構造物までの距離を1.2メートル以上としなければならない。但し、安全弁その他の付属品の検査及び取り扱いに支障がない時は、この限りではない。	普通ボイラについて定めた条文ですが、小型ボイラも準用します。 1.2m以上
	東京都火災予防条例第3条	ボイラーの最上部から天井までの距離は、壁が可燃材料の場合は1.2メートル以上とする。	1.2m以上
ボイラからの保安距離	東京都火災予防条例施工規則第3条	ボイラー本体外壁から壁までの距離は、火災防止とボイラー付属機器の点検・操作をする必要上、0.45メートル以上離す。	0.45m以上
ボイラと可燃物との距離	ボイラー及び圧力容器安全規則第21条1項	事業者はボイラー又はボイラーに付設された金属製の煙突又は煙道の外側から0.15メートル以内にある可燃性の物については、金属以外の不燃性の材料で被覆しなければならない。但し、ボイラー等が厚さ100ミリメートル以上の金属以外の不燃性の材料で被覆されている時は、この限りではない。	壁 不燃材 煙突 0.15m
燃料を貯蔵する場合	ボイラー及び圧力容器安全規則第21条2項	事業者はボイラー室その他ボイラー設置場所に燃料を貯蔵する時は、これをボイラーの外側から2メートル以上離しておかなければならない。但し、ボイラーと燃料又は燃料タンクとの間に適当な障壁を設ける等防火の措置を講じた場合は、この限りではない。	2m　○ 燃料

項目	条文	内容	備考
燃料を貯蔵する場合	東京都火災予防条例第3条	燃料タンクは炉（焚き口）から2メートル以上の水平距離を保つこと。但し、油温が引火点以上に上昇する恐れのない燃料タンクにあっては、炉からの水平距離を60センチメートル以上とし、又は炉との間に防火上有効な遮蔽を設けることにより、水平距離を60センチメートル以下とすることが出来る。	2m／燃料
煙突の位置	東京都火災予防条例第3条	煙突等の高さは、その先端からの水平距離1メートル以内に建築物の軒がある場合においてその軒から60センチメートル以上高くすること。煙突等の先端は、屋根面等からの垂直距離を60センチメートル以上とし煙突にあっては建築物の開口部から3メートル以上離すこと。金属等で造った煙突等は木材その他の可燃物から15センチメートル以上（炉からの長さ1.8メートル以内にある煙突にあっては45センチメートル以上）離して設けること。但し、厚さ10センチメートル以上の金属以外の不燃材料で被覆する部分についてはこの限りでない。	600以上／150以上／600以上／150以上／150以上／150以上〔単位：mm〕

注1. 不燃材：コンクリート、レンガ、鉄鋼、アルミニウム、モルタル、漆喰その他これらに類する不燃の材料をいう。
注2. 特定防火設備の防火戸：骨組みを鉄製とし、両面にそれぞれ厚さ0.5 mm以上の鉄板を貼ったもの。鉄製の鉄板の厚さ1.5 mm以上のもの。
注3. 防火設備の防火戸：鉄製で、鉄板の厚さが0.8 mm以上1.5 mm未満のもの。鉄鋼入りガラスで造られたもの。
注4. 建物の中の障壁には天井に達しない、いわゆる壁を含む。

第4章

トラブルはなぜ起こるのか

　簡易・小型貫流ボイラの場合、汎用品販売のため仕様詳細を販売側・使用側が把握できていればトラブルは起きないはずです。しかしながら、現在使用中のボイラと同じ仕様としたいというカスタマイズ対応や、ボイラ単体ではなく、ボイラ室内の装置を含めたボイラシステムで見た場合のトラブルが発生しています。

　ここでは、これらのトラブルについて要因別に解説します。

4-1 原因分析

　トラブルはなぜ発生するのでしょうか。簡易・小型貫流ボイラは汎用品であるため、使用方法などを間違えなければトラブルの発生はきわめて少ないと考えます。
　しかし、ボイラはボイラだけでは成立せず、軟水装置や軟水を貯蔵するタンク、ボイラ供給水のpH調整、脱酸素など行う薬品を投入する薬注装置、蒸気を各供給ラインに分配するスチームヘッダ、燃焼排気ガスを大気に放出する排気筒などのシステム機器一式で構成され、それぞれの配置、機器を接続する配管口径や長さ、排気筒口径・高さなどは現場ごとに設計する必要があります。これらのシステムの組合せや設計を間違えるといかに汎用品とはいえ、トラブルの元となります。
　また、大型のボイラから更新の場合、それまでのボイラ仕様と同様に使いたい、ボイラ状態表示を管理室で管理したいなど、ボイラを顧客専用にカスタマイズする場合があります。その際の打合せや意思疎通不足によるトラブルも発生します。
　これらのトラブル発生を、技術的原因、人的原因、経済的原因から、その詳細について考えます。

4-2 技術的原因

　顧客に安全に使用してもらうボイラを設計するにあたり、燃焼装置や制御などを設計する要素設計技術、圧力容器を安全に製造する製造技術、ボイラに使用する資材品を選定・購入する選定技術、それらをボイラとして商品化する商品設計技術が必要です。また汎用品設計の段階で十分な検討がなされていますが、顧客のニーズに合わせたボイラ要素設計変更や、付属設備との組合せ・配管口径の選定などを行うエンジニアリング要素も重要です（**表4.1**）。

表4.1 技術的原因

（1）ニーズによる設計	（5）顧客要求の間違いなど
（2）新用途	（6）予期しない使用方法
（3）知識や経験の不足	
（4）顧客要求の不足など	

（1） ニーズによる新規設計

ボイラメーカで過去に設計したことがない特殊燃料を燃焼させるボイラ、既に設置されているボイラ仕様に併せた設計変更など、新規に設計する必要があります。また、環境負荷低減のために厳しい排ガス規制（低NO_x対応）を要求されるなど、要求仕様のグレードも上がってきています。

（2） 新用途

コージェネレーションシステムなどの停止時バックアップ運転や、大型ボイラ設備における立ち上がりまでの補助運転や夜間の低負荷時運転対応など、運転方法で新たな用途の使用要求があります。その場合は顧客要求に応じた運転準備・起動・蒸気供給が可能かなど、設計検討段階では想定のみで対応する場合もあります。

（3） 知識や経験の不足

ボイラをシステムで設計する場合、ボイラ室の最適配置など、これといった正解例が乏しく、経験則に基づいて設計される場合があります。また、ボイラの知見があっても水処理知識が乏しい場合は、システム全体を最適設計することができません。機器の要素技術だけではなく、エンジニアリング要素も必要になります。

(4) 顧客要求の不足など

ボイラシステムをエンジニアリング会社や建築事務所などが設計する場合は、要求仕様書としてメーカに詳細の指示書が提示されることで、設計ミスが発生することは少ない。しかし、既設のボイラシステム更新や増設などの場合はユーザから直接要求されることがあり、指示が明確でない場合は予期せぬトラブルが発生する可能性が高くなります。その場合は責任の所在が不明確となり、お互いの時間・労力がむだになります。

(5) 顧客要求の間違いなど

エンジニアリング会社の設計であっても、例えばその地域の地下水の硬度を把握していないために、軟水装置の選定を誤るなど、経験不足や地域特性の把握不足などによって、設計を間違える可能性があります。納入地域の知識や経験則より設計やシステム選定に疑問が生じた場合は、事前に十分な協議を行ってトラブルを回避する必要があります。

(6) 予期しない使用方法

大型の保有水量の多いボイラを使用し、急激に大量の蒸気を使用していた場合は、複数台設置の小型貫流ボイラへ入れ替えた場合に台数制御のチューニングを見誤ると、キャリオーバによる低水位発生などのトラブルが発生します。事前にユーザの蒸気使用用途を熟知し、その使用方法に応じた設計や調整が重要となります。

4-3 人的原因

人的原因は技術的要因と重なるところがありますが、時間的要素や詳細打合せの甘さなどから生じるトラブルについて紹介します（**表4.2**）。

(1) 時間不足によるトラブル

小型貫流ボイラは汎用品のため、短納期対応可能が特徴の1つですが、ボイラシステム設計やカスタマイズ対応の場合は製造などに時間がかかる場合があります。そのため、ボイラ仕様詳細が決定した際には、設計製造にどの程度の時間を要するかまで打合せを行う必要があります。

表4.2　人的原因

（1）時間不足によるトラブル	（5）予期しない運転
（2）カスタマイズ時の設計・製造によるトラブル	（6）運転ミス
（3）人手不足	（7）打合せ不足
（4）日々の管理について	（8）法規・届出

（2）　カスタマイズ時の設計・製造によるトラブル

　カスタマイズ設計時の部品選定間違いや製造ミス、また材料間違いなどにより問題が発生する場合があります。材料間違いの場合は、設計側では間違った選定をしている認識がないため、解決までに多大な時間と労力がかかる可能性があります。

（3）　人手不足

　ボイラ設計やシステムエンジニアリング以外にもボイラ規模や燃料種により公害や消防への届出が必要となります。届出書類の作成や図面の作成を届出期日までに行わないとボイラ稼働日が遅れるため、場合によっては設計・選定と平行して作業を行わなければならず、人員の不足が設計・選定ミスなどの要因になる可能性があります。

（4）　日々の管理

　大型のボイラから小型貫流ボイラへ更新された場合、日々のボイラ管理や点検項目、管理値が大きく変わります。日常の安全管理について、小型貫流ボイラは緩和されていますが、水管理ではよりシビアに管理が必要など、ユーザに引き渡すときは十分な取扱説明が必要です。

（5）　予期しない運転

　ボイラメーカが常識と考えていても、ユーザが常識と思っていないときに、トラブルが発生します。

(6) 運転ミス

小型貫流ボイラは運転が簡便であるがゆえ、夜間などは操作を守衛に任せるなど、普段ボイラに従事していない人が操作する場合があります。そのため、取扱技能講習は受けていても機器操作が不慣れであるため、操作ミスなどが発生する場合があります。

(7) 打合せ不足

ボイラ仕様およびボイラシステムに必要な機器、運転にあたって必要なユーティリティ設備、ボイラ運転によって生じる放熱による熱の換気方法など、ユーザやボイラ室を設計する建築会社など、打合せ項目は多岐にわたりますが、未解決案件が生ずるとそれが元でのトラブルが発生します。

(8) 法規・届出

ボイラは圧力容器です。また、燃料を燃焼させることで排気ガスが発生します。燃料によっては、燃料を貯蔵するタンクの設置が必要です。燃焼に必要な空気を送り込むための送風機が内蔵されており、ボイラから排水されるブロー水はpH12程度とアルカリ性です。ボイラだけでも監督署、消防、公害などさまざまな行政機関に届出が必要であり、届出を怠るとボイラのみならず、工場の操業を停止させられる可能性があります。ボイラ設置者は各種届出の知識も必要となります。

4-4 経済的原因

経済的原因には顧客とボイラメーカ間の原因もありますが、顧客独自、またはボイラメーカ独自の原因もあります（**表4.3**）。

(1) 納　期

ボイラ更新は工場操業を考えて夏季休暇など、長期休暇時に行われることが多く、設置工事完了日程が厳しく定められている場合がほとんどです。メーカはその納期を厳守するため、製作状況によっては人員を多く投入してでも完成させる必要があります。

表4.3　経済的原因

（1）納　期	（4）既存設備流用
（2）赤字受注	（5）グレードダウン
（3）コストダウン	

（2）　赤字受注

場合によっては赤字での受注がやむ得ない場合があります。その際、いかに原価を抑えるかの知恵を絞る努力が必要となります。

（3）　コストダウン

受注価格によってはコストダウンを考える必要があります。ボイラは汎用完成品でコストダウンは難しいため、ボイラ設置工事での使用配管部材の原価削減など、周辺機器や工事での対応が必要となります。

（4）　既存設備流用

ボイラ設備更新の場合、低コスト化のため既存設備を流用する場合があります。その場合に、新規に設置したボイラでも使用可能か詳細に検討する必要があります。例えば、重油燃料のボイラから高効率のガス燃料ボイラへ更新した場合、燃焼排ガス路には重油の未燃物が堆積している場合があり、その中には硫黄分が含まれる場合があります。そこに高効率ボイラの排気ガスを流すと煙道内で結露水が発生し、硫黄分と混ざって硫酸となり、排ガス路を溶かすなどでトラブルの発生があります。

（5）　グレードダウン

エンジニアリング会社との打合せにおいてボイラシステムが決定しても、最終の値段交渉は設計部門ではなく資材部門との交渉になる場合があります。資材部門はコスト重視の場合が多く、設計との打合せがおざなりとなってシステムがグレードダウンし、当初打合者とのトラブルになる場合があります。

第5章ではトラブルの種類と軽減方法を紹介します。

第5章

トラブルを減らすためのアプローチ

　ボイラのトラブルには、機器単体・システム・運転方法でのトラブルなど、いろいろな要因とその原因があります。各要因での推定原因をあげ、「機械系トラブル」、「システム系トラブル」に分類して解説し、トラブルを発生させないために日々の業務で注意してほしい事項を提案します。

5-1 機械系トラブル

　機械系のトラブルは、その機械の設計ミスによるトラブルと経年劣化によるトラブルがありますが、機械単体は汎用品であるため、設計ミスについては、カスタマイズした商品特有のトラブルといえます。また、後述しますが、システム設計ミスが原因の機械系トラブルの発生もありますが、ここで単に機械が悪いと判断すると、原因の特定に時間を要する場合があります。

　経年劣化のトラブルについては、ボイラ稼働後数カ月から数年で発生することが多くあります。

5-2 システム系トラブル

　システム系のトラブルは、システムを構成する機器単体のトラブル、容量選定などのミスや機器接続配管の選定ミスなど多岐にわたります。

5.2.1　機器単体のトラブル

　ボイラの機械系トラブル同様、その機械の設計ミスによるトラブルと経年劣化によるトラブルとなります。機械単体は汎用品であるため、単体が原因のトラブルは少なく、システム設計ミスが原因での機械故障がほとんどです。そのため、原因を特定できない場合はたびたび同じ部品交換を繰り返すことになります。

5.2.2　容量選定などのミス

　ボイラ総蒸発量や運転圧力などより周辺機器の容量選定を行う必要がありますが、選定要素はそれ以外にも水質や使用環境条件、ボイラ付属機器の能力も考慮して選定する必要があります。例えば、軟水装置の選定はボイラ蒸発量以外にも使用する水質によって能力を決定する必要があります。また、地下水は季節によっても変化する場合がありますので、年間を通じた調査が必要になる場合もあります。

5.2.3　機器接続配管の選定ミス

　各機器の選定が完了すると、その機器を接続する配管や排水配管などの口径選定を行う必要があります。口径も単に内部流速だけを考慮すればよいだけでなく、例えばボイラ給水配管であれば、ボイラ付属の給水ポンプの最大流量および必要吸込ヘッドより配管口径および給水タンクの有効ヘッドを決定する必要があります。ボイラシステムでは、省エネのためにボイラで発生した蒸気のうち、使用されなかった顕熱分をボイラ給水に還元するドレン回収を行っている場合があり、給水温度は80～100℃に達する場合もあるため、特に注意して口径選定する必要があります。

　また、ボイラシステムでは多数の機器から排水が発生します。排水種類も高温で有圧排水であるものや常温で無圧であるものなど、さまざまです。そのため、むやみに排水配管を集合させると他の機器に高温排水が逆流するなどのトラブルが発生します。

5-3 運転方法トラブル

　小型貫流ボイラの場合、ボイラを多数設置して大型ボイラと同等の蒸発量として使用する場合が多く、ユーザの蒸気負荷によっては、1日の大半停止しているボイラも少なくありません。そのため、運転方法によっては、今までの大型ボイラにはなかったトラブルが発生します。

5.3.1　停止中ボイラの給水系統・蒸気系統トラブル

　長時間停止しているボイラは冷態となって缶内圧力が負圧になる場合があります。必要吸込ヘッドを確保するために、給水タンクの水面高（ヘッド）を高く確保している場合では、負圧とタンクヘッドの押し込み圧より缶内に水が自然流入し、満水になっている場合があります。それに気づかずに運転を行うと、蒸気ラインに水が混入し、蒸気の質の低下や急激なボイラ圧力上昇により、安全装置作動などのトラブルが発生します。

5.3.2 停止中ボイラの燃料系統トラブル

長期間停止させるため、ボイラ油配管の元バルブを全閉にしたところ、数日後に燃料ポンプから油が漏れ始めました。原因は元バルブとボイラ燃焼弁との間で締め切られた油が膨張し、耐圧のあまりない燃料ポンプの破損に至ったためです。

5-4 その他のトラブル

ボイラおよびボイラシステム以外でも、さまざまなトラブルが考えられます。

5.4.1 ボイラ室換気トラブル

ボイラの燃焼に必要な空気量のみで換気量を選定した場合、ボイラや周辺機器の放熱などによりボイラ室が高温にさらされ、機械が故障に至るケースがあります。また、図5.1に換気方法の種類を示しますが、自然換気や第三種換気はボイラ室が負圧になるため、ボイラ室では使用できません。

5.4.2 ボイラ室からの配管

ボイラおよびシステム機器の接続配管はボイラ工事で実施されるケースが多いですが、ボイラ室以降の配管は建築工事で行われることが多く、機器から排出される水質の理解が乏しい場合があります。そのため、高温排水部に塩ビ配管が使用されてしまうなど、材料選定ミスなどが発生します。

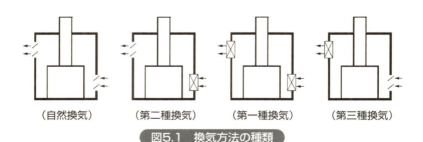

図5.1 換気方法の種類

5.4.3　ボイラ設置場所

　病院の滅菌装置用ボイラなどでは病院室内の滅菌装置近くに設置されるケースがありますが、ボイラは燃焼用空気を送り込む送風機を搭載するなど、振動元となる可能性がありますので、設置場所状況によっては振動によるクレームなどが発生します。また、ボイラからの予期せぬ漏水などで下の階に浸水するなどのクレームも考えられます。

5-5　トラブルを減らすためのアプローチ

　ボイラのトラブルを減らすためには、ボイラおよびボイラシステムを構成する機器の特徴を把握しておく必要があります。
　トラブルを減らすためには、何を行えばよいかについて、ボイラ単体で注意すること、およびボイラシステムで注意することについてまとめています。

5.5.1　ボイラ本体アプローチ

　ボイラ本体で注意することを**表5.1**に注意事項としてまとめ、それぞれの詳細について述べます。

（1）　水管理

　最適な水処理を行うことで、トラブルを未然に防ぐことができます。

① 腐食防止

　腐食によって生じる穴は直径1～3 mm程度の小さい穴や、直径20～

表5.1　注意事項

水管理	燃料および燃焼	付属品
・腐食防止 ・スケール防止 ・キャリオーバ防止	・空気量 ・有害物質の生成	・各ストレーナ ・圧力計 ・水面計 ・安全弁 ・エコノマイザ ・各ポンプ類

40 mm程度の大きな穴までとさまざまです。ボイラの主要材料は鉄であるため、ボイラや、腐食性イオンの高い場合など給水中の溶存酸素濃度が高い場合や、ボイラ水のpHが適正でない場合には図5.2の腐食事例のとおり腐食が進行します。

② スケール防止

給水中にカルシウムイオンやマグネシウムイオンが存在すると、ボイラ水管内に付着して皮膜を形成します。これがスケールと呼ばれるもので、熱を通しにくい性質をもっています。そのため、水管内にスケールが付着するとボイラ効率が低下します。また、多量の付着は水管温度が高温となって水管強度が低下し、膨張・破裂といったパンク発生の恐れがあります。スケール付着時、水管温度は図5.3のような傾向を示します。

図5.2　水管の腐食事例

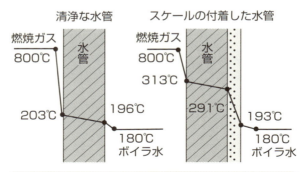

図5.3　スケール付着の有無による水管温度モデル図

③ キャリオーバ防止

ボイラ水が過度に濃縮してくると、蒸気中にボイラ水が同伴するようになります。この現象をキャリオーバといい、キャリオーバの発生は蒸気温度の低下による蒸気使用機器側での加熱不足や、蒸気配管を流れる際に振動や騒音の元になる可能性があります。キャリオーバを防止するためには適切なブローを行い、缶水濃縮度を一定に保つ必要があります。

(2) 燃料および燃焼

燃焼状態を良好に保つことは、ボイラ効率の維持や環境負荷低減につながります。

① 空気量

燃料は理論上の空気量だけでは燃料中の可燃物と空気中の酸素と理想的に混合することが難しく、燃焼反応が完結できずに不完全燃焼が発生します。そのため、実際には理論空気量よりも過剰な空気を供給する必要があります。しかしながら過剰すぎる空気は、燃焼で与えた熱をすべてボイラに伝えることなく排気筒から排出されるため、排気による熱損失が懸念されます。そのため、空気量は燃焼性が良く、熱損失が少ないように調整する必要があります。

② 有害排出ガスの生成

燃料が完全燃焼すれば、水蒸気と二酸化炭素が生成されるだけですが、実際の燃焼においてはさまざまな原因による不完全燃焼により一酸化炭素、未燃炭化水素、煤などが生成されます。また、空気中の酸素と窒素からサーマルNO_xといわれる窒素酸化物の生成、燃料中の窒素化合物や硫黄化合物からはフューエルNO_xといわれる窒素酸化物や硫黄酸化物が生成されます。

(3) 付属品

ボイラには、さまざまな付属品が装着されていますが、その付属品も機能維持のため管理、監視など注意する必要があります。

① 各ストレーナ

ボイラには燃料・給水入口や濃縮ブロー出口など、異物が後段に流れ

てトラブルにならないよう、ストレーナを設けています。ただし、定期的なストレーナ網の掃除を怠ると目詰まりを起こして、逆にトラブルのもととなります。24時間連続して使用するユーザであれば、あらかじめ複式ストレーナにしたり、配管をバイパスにするなどの工夫が必要です。

② 圧力計

ボイラの運転圧力が現在いくらなのか、即座に判断できるように見えやすい位置に蒸気の圧力を示す、圧力計を取り付ける必要があります。一般的には、図5.4に示すブルドン式圧力計が使われています。正確なボイラ運転圧力の把握は、重大事故防止の第一歩であるため、こまめな校正が必要です。

③ 水面計

ボイラ水位は常に適正位置で制御されていなければならず、また、その水位を正しく知る必要があります。この目的に使用されるものが、水面測定装置となります。小型貫流ボイラの場合は、図5.5に示す反射式の水面計ガラスが取付けられている場合が多いです。ボイラ水はアルカリ性に保つことで鉄である水管の腐食を防止していますが、ガラスはアルカリに弱いため、定期的に交換する必要があります。

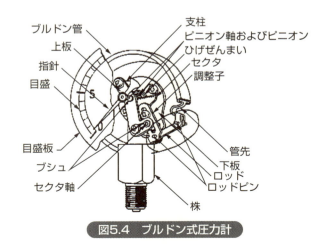

図5.4 ブルドン式圧力計

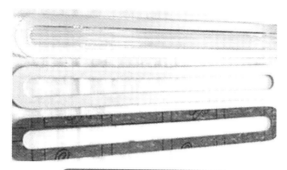

図5.5　反射式水面計ガラス

④　安全弁

　安全弁は、ボイラ内部の蒸気圧力が最高圧力に達すると自動的に自力で弁を開いて蒸気を吹き出して、ボイラ内部圧力の異常上昇を防ぐ安全装置です。安全弁には、ばね式・おもり式・てこ式などの種類がありますが、小型貫流ボイラで一般的に使用されているのは、ばね式安全弁となります。

　ばね式安全弁は、ばねを締め付けて弁体を弁座に押し付けて、通常は密閉性を確保しており、所定圧力に達すると蒸気の力でばねを押し上げ、弁体が上昇して蒸気を吹き出します。最高圧力近くでボイラ運転を行っている場合、微量の蒸気漏れなどが発生している場合があり、場合によっては、設定圧力以下での吹き出し発生も考えられます。メーカなどの推奨する蒸気圧力範囲で運転を行うことが、トラブルの回避となります。

⑤　エコノマイザ

　ボイラの熱損失のうち、一番大きな損失は排気ガスから持ち去られる熱量となります。この熱を回収してボイラ給水の予熱に利用するのが、エコノマイザです。図5.6はエコノマイザの構造の一例ですが、熱回収率を向上させるために熱交換用のパイプにフィンを取り付けるなどの工夫を行っています。ただし、効率向上によっては排気ガス中の水分が凝縮して結露水が発生し、エコノマイザ内での酸化腐食や燃料中の硫黄分による硫酸腐食などのトラブル発生が考えられるため、排ガス結露水発生

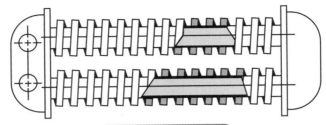

図5.6　エコノマイザ

防止対策として給水加熱を行うなどの対策が必要となる場合があります。

⑥　各ポンプ類

液体などを低い位置（圧力）から高い位置（圧力）へ移送する装置で、ボイラではボイラ水を送り込むための給水ポンプ、燃料をバーナへ送り込むための油ポンプ、薬液をボイラ給水に送り込む薬注ポンプなど、さまざまな用途・種類のポンプが使われています。いずれのポンプも停止するとボイラの運転ができなくなるため、日常では軸・シール部からの漏れ確認や異音の有無、吐出圧力などの確認による能力低下確認、定期的なオーバホールなど、気を使う装置の1つです。

5.5.2　ボイラシステムアプローチ

ボイラ単体では蒸気を作る装置として成立しません。周辺機器にトラブルが発生した場合でも蒸気供給がストップしてしまう可能性があるため、普段からの管理が必要です。

（1）　軟水装置

ボイラに高純度の軟水を供給する必要があるため、軟水装置の給水入口圧力計が適正値を示しているか、処理水が軟水か硬度指示薬による確認実施が必要です。また、軟水装置を再生させるために必要な塩の補充が十分であるか、塩の溶け具合に問題がないかにも気を使う必要があります。

（2）　給水タンク

水位計などでの目視による水位制御の確認。ドレン回収を行っている場合は負荷機器でのスチームトラップ漏れによるタンク水温の異常上昇

確認。また、エコノマイザ保護などで給水を加温している場合は、設定温度で制御されているかを確認。設定温度外の場合は、加温装置の動作確認を行う必要があります。

（3） 薬注装置
　薬液の残量確認と補充、また、薬注ポンプ吐出側チューブにエア混入がないか、目視による確認が必要です。

（4） 脱酸素装置
　給水中の脱酸素を機械式に行っている場合は、装置に重故障・軽故障の発生がないか、確認が必要です。

（5） オイルタンク・ポンプ
　液体燃料の場合はタンク液面が適正位置で制御され、オイルポンプや電磁弁などが正常作動しているか、ポンプや配管などから漏れや、タンクの防油槽に油が溜まっていないかを目視確認します。

（6） ガス配管
　気体燃料の場合、都市ガスであればガス配管からの漏れがないか、ガス漏れ検知器での確認の実施。LPGの場合は、残量の確認や漏れの確認が必要です。使用されているガス比重が空気と比較して軽い・重たいかの特性をあらかじめ把握しておくことが必要です。

（7） 台数制御装置
　ボイラを複数台設置して台数制御を行っている場合は、その制御を行っている台数制御装置が制御どおりに動作しているか、装置に重故障・軽故障発報がないか、確認を行います。

（8） 排気筒
　排気筒接続部からの燃焼ガスや結露水の漏れがないか、排気筒内のつまりや閉塞がないか、建屋貫通部に焼け跡がないか、複数台ボイラの排気筒を集合している場合は、排気ガス逆流によるボイラ燃焼空気入口からの排気ガス漏れの有無確認、排気筒トップからの排気ガス排出状況確認などが必要です。

(9) 搬入据付け

最近の小型貫流ボイラの主流は、複数台を密着して設置するケースが多くなっており、ボイラも角型縦長のボイラが多くなっています。そのため、ボイラ搬入時の転倒事故が懸念されます。搬入時は治具を使うなど、ボイラを転倒させないようにして運ぶようにします。また、設置の際は耐震計算を行い、強度上問題ないアンカーボルトで、確実に固定を実施します。図5.7にアンカーボルトの施工例を示します。

(10) 各配管

蒸気配管は管壁からの放熱によって、一部の蒸気が凝縮し水（ドレン）となって蒸気配管内を流れます。そのため、流れ方向に対して下降勾配としてドレンポケットを設けるなど、ドレンが排出できる施工とします。

上昇配管でドレン溜りができる施工を行うと、ドレンが蒸気のスピード

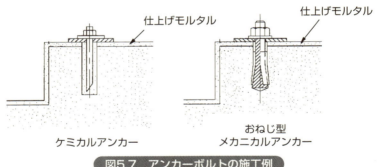

図5.7　アンカーボルトの施工例

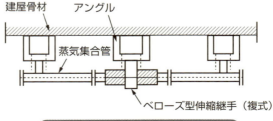

図5.8　ベローズ型伸縮継手設置例

と同程度で進み、弁や配管曲がり部に衝突して、大きな音と振動が発生します。この現象をウォータハンマといい、配管の破損やねじ部の緩みなど、トラブルの発生要因となります。また、蒸気配管は運転時と停止時の温度差があるため、ベントや曲げ、伸縮継ぎ手（**図5.8**）を利用して熱による伸びの吸収ができる施工とします。

　ボイラからのブロー配管は、吹き出し時には高圧で吹き出す可能性があるため、管末はピットなどの安全な場所に開放するようにします。また、管末は確実に固定します（**図5.9**）。ブロー操作時に配管が動き、ブロー水を撒き散らしたり配管が暴れたりして事故につながる可能性があります。

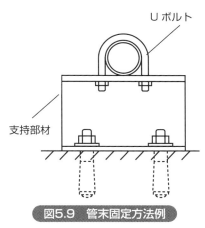

図5.9　管末固定方法例

第6章

トラブル事例、その原因と対処法

　蒸気を発生させるためにはボイラ単体では成立せず、さまざまな付属機器で構成されます。そのため、トラブルもボイラ単体にかかわるものと付属機器が絡んでのトラブルとに分類されます。
　トラブル45例について
　① 給水ラインのトラブル、② 薬注装置のトラブル、③ 燃料ラインのトラブル、④ 蒸気ラインのトラブル、⑤ 腐食のトラブル、⑥ 排気筒のトラブル、⑦ 配線のトラブル、⑧ その他のトラブル
と8項目に分けて紹介します。

1 給水ラインのトラブル

1 タンクヘッド不足による給水不良

✖ どんなトラブルか

給水ポンプの入口で、水を吸い上げることができずにポンプ内部でキャビテーション（空洞現象）が発生。振動・騒音の発生とともに、送水できなくなる現象で、給水ポンプの破損につながります。

❓ その原因は

給水ポンプのキャビテーション発生は、いろいろな原因が考えられます。その1つが、タンクのヘッド不足によるものです。

タンクヘッドとは、給水タンクの水面から給水ポンプの入口に作用する水圧の大きさを水面までの高さ（水深）［メートル］に換算した数値。

日本語では、「水頭圧」と呼ばれ、給水ポンプで水を汲み上げることが可能か否かを判断します。

給水ポンプの吸込み性能（水を汲み上げる能力）を"必要吸込ヘッド"、給水ポンプの入口に作用する圧力を"有効吸込ヘッド"で表し、給水ポンプは、"必要吸込ヘッド"＜"有効吸込ヘッド"の条件で使用する必要があります。

❗ その対処法

① キャビテーション判定計算結果を反映した給水タンクの液面（最低水位）高さとする。
② 給水系統の曲りなど、圧損要素を減らし、配管口径を太くする。
③ 給水温度を低くして、キャビテーション（減圧沸騰によるポンプ

図6.1 タンクと給水ポンプの高低差

内部での空洞現象）の発生を抑える。
④ 加圧（ブースタ）ポンプを設置する。

心得

給水ポンプキャビテーション判定計算

$H_p ×$ 安全率 $< H_a - H_{vp} + H_s - H_{fs}$

H_p：給水ポンプの"必要吸込ヘッド"
H_a：大気圧（10.33水柱メートル…高地以外は固定値）
H_{vp}：飽和蒸気圧（水温により異なります）
H_s：給水タンクの水面高さ（ヘッド）
H_{fs}：配管などの圧力損失

2 キャビテーションによるポンプ性能低下

✗ どんなトラブルか

ボイラ給水タンクでドレン（発生した蒸気を負荷機器で熱利用した後の凝縮であり、温度が高い特徴がある）回収を行い、ボイラ給水温度を高温水で供給していました。操業してしばらくすると、ボイラ給水温度

1 給水ラインのトラブル

第6章

が徐々に上昇し始めました。給水タンクの温度上昇により、運転している給水ポンプの入口に取り付けた圧力計が大きく振れだし、そのうち、給水ポンプ内部でキャビテーション（空洞現象）が発生してボイラへ給水できなくなり、低水位による重故障停止が発生しました。

❓ その原因は

　給水タンクの水温上昇の原因は、ドレン回収を行っている負荷機器側のスチームトラップの故障でした。トラップから蒸気漏れが発生したため、ドレン回収ラインに蒸気が混入、給水タンクの温度が上昇して給水ポンプがキャビテーションを起こしました（図6.2）。
　スチームトラップを交換してもらうことで給水タンクの温度はもとの温度にもどりましたが、今後同様のトラブルが発生した場合や、負荷機器の初動時には、スチームトラップをバイパスして蒸気が流れてくる可能性があるため、根本的な対応方法も必要とユーザより指示がありました。

❗ その対処法

　給水温度が上昇すると飽和蒸気圧も上昇するため、キャビテーションが発生しやすくなります。今回のユーザでは、給水タンクの水面高さ（ヘッド）に少し余裕があったため、給水タンク水位を高くすることで対応しましたが、ドレン回収を行う場合、負荷側機器のスチームトラップの

図6.2　キャビテーションによる浸食

（出典：「ポンプの選定とトラブル対策」日刊工業新聞社）

故障やスチームトラップのバイパス運転、ドレン回収改善などにより、当初の設計温度より給水温度が上昇する可能性があります。

心得

> 飽和蒸気圧は、80 ℃以上になると急激に高くなります。その領域で設計する場合は、給水ポンプのキャビテーション判定計算ではさらに安全率を見て計算を行います。計算結果より1サイズ給水配管を大きくしたり、圧損要素となる給水の流量計は、給水ポンプの吐出側に取り付けるなどの工夫が必要です。
>
> また、給水タンク液面を極端に高くする、加圧（ブースタ）ポンプを設置する場合は、給水ラインに設置された逆止弁の開弁圧より高い圧力で押し込むと、給水ポンプが停止していても常時ボイラに水が流れ込み、満水になってしまいます。
>
> このため、ボイラ側に満水対策が必要となり注意が必要です。

3 軟水装置の選定ミスで硬度漏れの発生

❌ どんなトラブルか

ボイラ設備更新時に、軟水装置も同時に入れ替えました。ボイラ原水の分析を実施し、軟水装置の容量を選定して納品。試運転後暫くは順調でしたが、半年ほどするとユーザよりボイラの排ガスの温度が少しずつ上がり始めている、との連絡がありました。調査したところ、軟水装置から硬度漏れが発生。ボイラ水管の内面にその硬度分がスケール（水垢）として付着し、熱の授受を阻害した結果、排ガスの温度が上昇していることがわかりました（図6.3）。

1 給水ラインのトラブル

第6章

❓ その原因は

あらためて水質を確認したところ、半年前に軟水装置を選定するために調査した結果と比較すると硬度分が上昇しており、選定した軟水装置では能力不足となっていました。このユーザは、ボイラ水に地下水を使用しており、季節や雨の多い時期などで、水質が大きく変化することが原因でした。

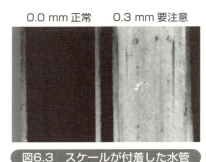

図6.3　スケールが付着した水管

❗ その対処法

付着したスケールはスケール分散剤を投入し、落とすことにしました。軟水装置の選定については過去の水質を確認し、もっとも硬度分が高い値で軟水装置の容量計算を再度実施し、軟水装置を増設しました。また、ユーザも定期的に軟水チェックを行っていなかったため、軟水チェックの実施をお願いしました（**図6.4**）。

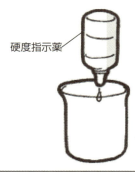

図6.4　硬度指示薬による軟水チェック

心得

地下水の場合は雨の量など、季節や天候で水質が大きく左右されます。原水確認は四季をとおして実施する必要があります。また、小型貫流ボイラは、熱負荷が高いため、水質管理が重要になります。軟水チェックをこまめに行い、硬度分の漏洩を防ぐ必要があります。

4 塩の固結現象による軟水装置再生不良

✗ どんなトラブルか

軟水装置が再生を繰り返しても硬度漏れを起こし、ボイラにスケールが付着しました。軟水装置の樹脂も劣化しておらず、再生時に使用する塩水タンク内に塩も十分入っているため、ユーザではトラブルの原因をつかめずにいました。

❓ その原因は

再生を繰り返しても塩水タンクの塩が減らないとのことで、塩水タンクを確認したところ、塩が塩水タンクの上の方で硬く固まっていました。塩の固まりにより塩水タンク内で塩と水の間に空洞が形成され、「橋」のようになっていました（**図6.5**）。水に浸かっていないために塩水が作られず、軟水装置が再生できず硬度漏れが発生し、ボイラにスケールが付着していました。

❗ その対処法

塩を一度に塩水タンクに入れすぎると塩が水分を吸って固まり、内部に空洞ができやすくなります。塩を入れる際は一度に大量に入れるので

1 給水ラインのトラブル

第6章

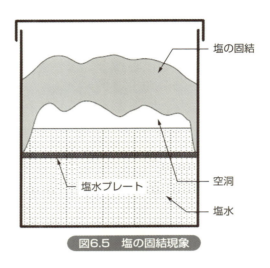

図6.5 塩の固結現象

はなく、塩をタンク内で斜めにいれ、一部水面が確認できるようにすると塩の固結を防止することができます（**図6.6**）。

また、塩が少ない場合も問題があります。軟水装置の再生水は飽和状態の塩水を使う必要があるため、常に塩が入っている状態とする必要があります。

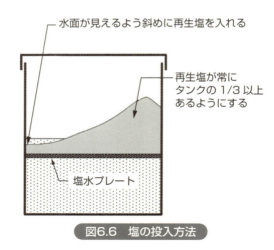

図6.6 塩の投入方法

心得

軟水装置再生用に形成した塩もあるので、メーカが推奨する再生塩を使うことをすすめます。

5 ボイラ水の逆流でポンプ破損

✗ どんなトラブルか

ボイラ使用中に給水ポンプがロックし、ボイラ低水位による重故障停止したとの連絡があり、給水ポンプを交換。引き続きボイラを使用してもらいましたが、交換した給水ポンプもすぐ故障しました。破損した給水ポンプを確認したところ、インペラが変形してロックが発生していました。

? その原因は

インペラ変形の原因は熱による変形でした。ドレン回収なども行っておらず、ボイラ給水温度が上昇することは考えられないため、原因はボイラ側と判断して調査した結果、ボイラ給水ポンプ吐出側の逆止弁が故障しており、ボイラ缶水が給水ポンプに逆流して熱変形を起こしていました。

! その対処法

逆止弁は、その機構などによりさまざまな種類がありますが、ボイラ給水のように逆流すると熱水が流れるような箇所には信頼性の高いものを取り付ける必要があります。できれば機構の違う逆止弁を2個直列に取り付けて、信頼性を向上させることが望ましいといえます（**図6.7**）。

1 給水ラインのトラブル

第6章

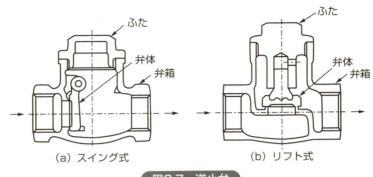

図6.7 逆止弁

心得

逆止弁は詰まりなどが発生すると、逆流のリスクが大きくなります。異物の混入を防ぐため、ストレーナの設置や定期的な先行交換が推奨されます。

逆止弁が漏れ、高温のボイラ缶水が逆流すると、給水ポンプにとどまらず、樹脂製給水タンクのボールタップの浮きや、給水タンクが熱で変形してしまうこともあります。

6 ボイラ負圧による満水トラブル

 どんなトラブルか

ボイラ起動時に安全弁から水漏れが発生。また負荷側の熱交換能力が著しく低下するトラブルが発生。水漏れや熱交換能力低下よりボイラ水が多く入りすぎていることが原因であることは判明しましたが、なぜボイラ水が多く入りすぎているのかが不明でした。

ボイラ起動時に毎回発生するのではなく、ボイラが長期間停止して、

缶内圧力がゼロになった場合に発生しており、ボイラ給水を行っていないのに給水されてしまうことも判明しました。

❓ その原因は

ボイラ運転から長期間停止により、ボイラ缶内圧力が低下してゼロとなっていましたが、実際にはボイラ内の蒸気が冷えて凝縮し、真空となっていました。ボイラ缶内が真空のため、給水側から水を吸い込んでボイラが満水状態となり、その状態で燃焼させたために急激に圧力が上昇し、安全弁から水漏れが発生、また、缶水が蒸気配管に流れ込んで乾き度を低下させていたため、熱交換能力が低下するなどの不具合が発生していました（**図6.8**）。

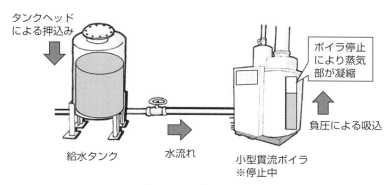

図6.8　満水トラブルの原因

❗ その対処法

今回はボイラに真空破壊弁（バキュームブレーカ）を取り付け、蒸気凝縮による真空発生による給水流入を防止しました。このほかにも給水側に開弁圧の必要な逆止弁の設置や、ボイラ缶内圧力が低くなると自動で閉となるモータバルブなどの取り付けが対策として考えられます。

小型貫流ボイラをたくさん設置して大型化させる際には、一部のボイラが停止した際にどのような影響があるかも考えてシステムを設計する必要があります。

1 給水ラインのトラブル

第6章

心得

満水状態でボイラを燃焼させると、熱で膨張した缶水により急激に圧力が上昇し、蒸気系統や安全弁から温水が噴き出すといった、不具合が発生します。

7 ドレン回収改造による トラブル

✕ どんなトラブルか

蒸気のドレンを回収するため既設で使用している給水タンクを改造することになりました。ドレン回収用のノズルをタンクに設置してドレン回収をはじめたところ、すぐにタンクが破損してしまいました。

? その原因は

ドレン回収タンクに改造する場合、いろいろな点に注意する必要があります（図6.9）。

① タンクの通気配管の適正化

ドレン回収を行うとタンクの中でフラッシュ蒸気が発生します。フラッシュ蒸気が確実に排出できる大きさの通気管にしないと、タンクが膨らんで破損の可能性があります。

② 軟水配管の水没化

タンクに補給する軟水配管が、タンクの空間中にある場合、ドレンのフラッシュ蒸気が軟水補給水で凝縮して、タンク内が一気に負圧になり、タンク破損につながります。フラッシュ蒸気をタンク内で凝縮させないよう、補給される給水配管は水没させる必要があります。

③ ドレン戻り管の構造

ドレン戻り管を水没させると、フラッシュ蒸気を回収できますが、回収しきれない場合は、振動元となってタンクを破損する場合があります。空間中にあるドレン回収配管にフラッシュ蒸気を開放する穴を開けるなどの対応が必要です。

④ ボイラ給水配管の適正化

ドレン回収を行うことで高温水となります。ボイラ給水ポンプのキャビテーション計算を行い、適正な給水配管とする必要があります。

その対処法

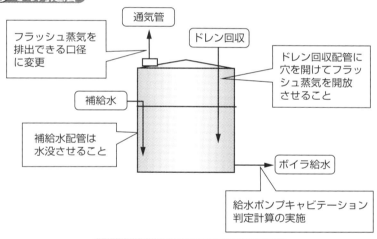

図6.9 ドレンタンク改造注意事項

心得

ドレンタンクに改造することで給水温度が上昇し、ボイラは省エネルギーになりますが、改造方法を間違えるとタンクが破損します。タンクが破損するとボイラ全台数が停止という、大きなトラブルに発展しますので、特に注意が必要です。

2 薬注装置のトラブル

1 薬液切り替え時の注意事項

❌ どんなトラブルか

　ボイラ給水ラインに投入している薬液を変更することになり、古い薬液が残り少なくなったため、そのまま新しい薬液を薬注タンクに投入しました。その後、薬液が減っていないことに気付き、薬注タンク・ポンプを確認すると薬液の一部が固まった状態となっていて、薬液投入できていませんでした。

❓ その原因は

　ボイラに投入する薬剤には混合できないものもあります。今回のように固形化したり、薬液の性質が変わって効果がなくなってしまうなどの不具合が発生する場合があります。

❗ その対処法

　薬品を切り替えるときは混合しないよう古い薬液を容器に抜き取ってから行います。また、タンクやポンプを必ず軟水で洗浄し、前の薬液の影響がない状態とします（洗浄を行う際は必ず軟水で実施する）。
　薬液を切り替えた際は、調整を行って規定値の薬液投入を行います。また、薬注ポンプのエア抜きを実施します（**図6.10**）。薬注ホース内にエアが混入している場合、エアがクッションとなって、薬液が入らない場合があります。

図6.10　薬注ポンプのエア抜きの例

心得

ボイラ薬品はアルカリ性のため、薬注タンク・ポンプはプラスチック製が使用されています。そのため、割れなどにより空気が混入するなどの不具合が発生する可能性があります。また、薬液を取り扱う際は必ず保護具（ゴム手袋・保護めがねなど）を使用します。

〔注〕薬液は希釈濃度や、薬品の投入順にも注意が必要です。

2　熱による薬剤外部漏れ

✗ どんなトラブルか

復水処理用にスチームヘッダへ薬注を行っていましたが、後日ボイラ室を確認すると薬液チューブが脱落し、周囲に薬液が漏れ出ていました。

❓ その原因は

チューブは、通常、熱に弱い樹脂製であるため、スチームヘッダの高温部に触れて溶けて脱落していました。復水処理用に限らず、給水配管においても高温である場合はプラスチックが溶ける、変形するなどによ

2 薬注装置のトラブル

第6章

り脱落します。そのため、規定どおりの薬液投入ができずにボイラ腐食の原因となる可能性があります。

⚠ その対処法

薬液が規定どおりに投入されているかについては薬液が計算どおりに消費されているかの確認を行う（**図6.11**）（投入量や減り具合などから）。

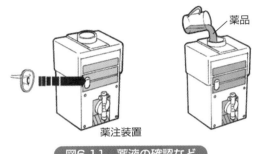

図6.11　薬液の確認など

薬注ホースの取付けについて、高温部に取り付ける際はステンレスなどで放熱箇所を設けて、薬注装置部品の保護を行います（**図6.12**）。

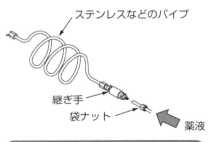

図6.12　高温部の薬液配管施工例

心得

> 薬注装置はプラスチックのため、熱の影響がない取付けが必要です。また、薬注装置の設置は直射日光を避けた場所に設置します。

3 燃料ラインのトラブル

1 燃料膨張での配管油漏れ

✕ どんなトラブルか

　夏季休暇の期間、数日ボイラを運転しないので、安全のためボイラおよび付属機器のバルブ類を全閉にしました。

　休暇明けでボイラを稼働させるため、油タンクのバルブを開けたところ、配管の一部から油漏れが発生しました。急いで復旧工事を行いましたが、ほかの配管も確認が必要になるなど、復旧までかなりの時間と労力を要しました。

? その原因は

　漏れはフランジ接続部のガスケットが変形し発生しました。油タンクの出口バルブとボイラ燃料入口バルブを全閉にしましたが、夏の暑い時期のため露出配管への直射日光、外気温、地面・アスファルトからの照り返しなどにより油が温められて膨張、バルブで密閉となっているために膨張した油が逃げ場を失い、ガスケットを破損させたものと思われます。

　安全のために閉めたバルブが、思わぬ形で弊害を招いた事例です。

! その対処法

　油配管が締切り状態になった際の熱膨張による圧力は、ガスケットやバルブ、配管接続部の耐圧では対応できないため、密閉経路となってしまうバルブ操作を行わない、もしくはアキュムレータの設置が有効です（図6.13）。

3 燃料ラインのトラブル

第 6 章

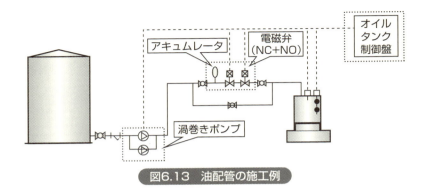

図6.13 油配管の施工例

> **心得**
>
> 油配管が締め切り状態になった際の熱膨張による圧力は、フランジガスケットさえ、容易に破損するほど高圧です。油が漏洩し、河川への流入などを起こしてしまうと、社会的信用をなくしてしまいます。十分な注意が必要です。

2 オイルポンプエア抜き弁の閉止不良による外部漏れ

✗ どんなトラブルか

　オイルストレーナの点検を行ったため、念のために油配管のエア抜きを実施しました。エア抜きはオイルポンプのエア抜き弁で実施しました。ボイラを再起動させるためボイラ運転スイッチを入れたところ、オイルポンプから勢いよく油が噴出し、ボイラやその他の機械に油がかかってしまいました。ボイラの断熱材などにも油が浸透した恐れがあるため、断熱材を交換するなど、思わぬ時間と労力がかかってしまいました。

❓ その原因は

原因はエア抜き後のエア抜き弁の操作ミスです。エア抜き弁が確実に閉まっていませんでした。オイルポンプのエア抜き弁はオイルポンプの吐出側で行います。また、オイルポンプの吐出圧は高圧で調整されている場合が多いため、エア抜き弁を開いたまま運転すると、油が勢いよく噴出してしまいます。

ボイラなど火気を扱っている所での油漏洩は、ふき取り残しがあると火災の原因になりますので特に注意が必要です。特にボイラ内部に入った場合は、断熱材が油を吸い込んでしまっている可能性があるため、ボイラを分解して断熱材を交換するなどの作業も必要になります。

❗ その対処法

オイルポンプのエア抜き後は、いきなりポンプを連続運転せず、短時間の稼働でつど、漏れがないかを確認してから通常運転に復帰させるなどの工夫が必要です（**図6.14**）。

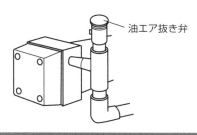

図6.14　オイルポンプの油エア抜き弁の例

心得

オイルポンプのエア抜き弁に限らず、バーナ点検を行ったときなどは各配管やボルトナットの締め忘れなどがないよう、指差呼称を行うなど、普段からの作業心得が重要になります。

また、重質の油は、送油にあたって粘度を下げるため、高温に予熱されていることがあります。周囲に吹き出すと熱傷の危険もあるため、特に注意が必要です。

3 燃料ラインのトラブル

第6章

3 燃料配管の詰まり

❌ どんなトラブルか

　小型貫流ボイラへの更新に伴って使用する燃料もＣ重油からＡ重油に燃料転換を行いました。オイルタンクはそのまま流用することとし、油の入れ替えについては入念にタンク内の清掃を行い、油が混ざらないようにしました。

　ボイラ更新後、順調に稼働していましたが、しばらくするとボイラの燃焼排ガスが白くなりはじめました。

❓ その原因は

　原因は油燃料の油量低下により、過剰空気となって白煙が発生していました。油燃料の油量低下について、オイルポンプの能力低下やオイルストレーナの詰まりなど、いろいろと原因を確認しましたが、なかなか解決できずにいました。バーナを点検する際に油配管をいちど分解したところ、ボイラの燃料制御を行っている油用の電磁弁の入口に不純物が詰まっており、その不純物が原因で燃料の油量が低下して白煙が発生していることがわかりました。不純物の主成分は細かい繊維でした。

　燃料転換を行った際に油タンクを入念に清掃しましたが、その際にふき取りなどを行ったウエスの細かい繊維がオイルストレーナを通り抜け、油用電磁弁に詰まったことが原因とわかりました。

❗ その対処法

　燃料転換などでタンク内の清掃を行った際は、直後についてはオイルストレーナの網を細かくするなどして不純物の通過を防ぎます。また、定期的な網の清掃を行うなどの対応が必要です（**図6.15**）。

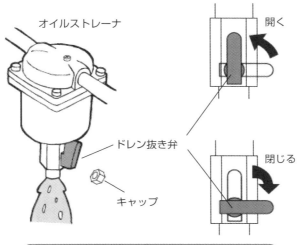

図6.15 オイルストレーナ、ドレン抜きの例

心得

燃料購入業者を変更した場合なども注意が必要です。旧来、低品質の油を使用し、配管内に汚れが付着した設備で、良質の油に変更すると、固着していた汚れが溶けて剥離し、ストレーナを早期に閉塞させることがあります。

4　スス付着による効率低下

✗ どんなトラブルか

ボイラを長年使用していると、どうしても燃焼室炉内や節炭器の内面に、不完全燃焼などで生じたススが堆積することにより、熱交換を妨げてボイラ効率が低下します。

3 燃料ラインのトラブル

第6章

　ススが1mm付着すると、ボイラの燃料は10％以上増加するといわれています（図6.16）。

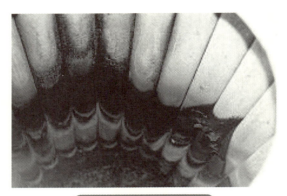

図6.16　スス付着の例

❓ その原因は

　A重油や灯油など、軽質油の場合は正常燃焼していればススの発生はわずかです。しかしながら、着火時における不安定性や長年の汚れでススが付着します。

❗ その対処法

　定期点検時のバーナ清掃、節炭器のスートブロー、汚れが激しい場合は、炉内のスス洗浄工事が必要です。

心得

> 　スス洗浄水やスートブローの廃水は、少量でも低pHで高濃度の廃水です。廃水処理業者での処理や、ドラム缶での回収が必要です。

4 蒸気ラインのトラブル

1 エア混入による蒸気熱伝達不良

⊗ どんなトラブルか

空気障害（エアバインディング、エアロッキング）と呼ばれ、蒸気に空気が混入することにより、飽和温度よりも蒸気の温度が低下したり、熱交換器の伝熱面を空気の薄い層が覆ってしまうことで、伝熱性能を低下したりする現象のことをいいます。

冷態起動からの立ち上げに時間を要する、殺菌装置においては、殺菌不良などのトラブルが発生することがあります。

❓ その原因は

① ボイラが大気圧まで圧力低下した状態で待機したときや、全ブローをしたときに缶体内に空気が入り、蒸気に混入します（図6.17）。
② ドレン排出ラインに逆止弁がないため、負荷機器が停止したとき

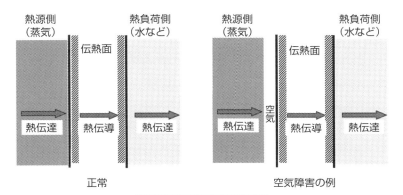

図6.17 空気障害の例

4 蒸気ラインのトラブル

第6章

に真空となって蒸気ラインに空気が混入します。
③ ボイラ給水中の溶存気体が、ボイラ内での加熱で気体となり、溶存気体が蒸気に混入します。
④ ボイラ水処理により溶存酸素は取り除かれますが、水処理が不十分ですと、ボイラからの供給蒸気とともに運ばれます。また、窒素や二酸化炭素も同様に運ばれます。

⚠ その対処法
① 空気が残留しやすい部分や管末にエアベントの取付けを行います。
② 冷態起動時、点検時のエア抜き弁の正しい操作を実施します。
③ 水処理について、脱酸素の薬品、機器の設置。

心得
空気によって配管が閉弁状態になりますと、排出すべきドレンをスチームトラップが排出できなくなる状態にも陥ります。また、初起動に要する時間的な拘束は、生産効率を下げ、人件費にも影響します。混入した外気中の酸素により、金属腐食も進行します。

2 ドレン溜りによるウォータハンマ現象

✖ どんなトラブルか
ボイラ設備の動かし始めに蒸気配管から異音と振動が発生。しばらく運転を続けると収まる場合もあるため、気にしない場合もありますが、そのままにしておくと蒸気配管の漏れや機器の故障につながります。

❓ その原因は

① バルブの急操作などで冷態の配管に急に蒸気が流れるため、一部蒸気がドレン化します。
② 配管にドレンが抜ける勾配がない、スチームトラップの閉塞、設置位置の不備などにより、蒸気配管中にドレンが滞留します。
③ 蒸気乾き度の低下、配管の放熱などにより一部蒸気がドレン化します。ドレン化した水と蒸気が一緒に蒸気配管中を流れ、流速が同じとなってバルブや曲がり部などにドレンが衝突することで音や振動が発生します。バルブや減圧弁など、配管要素にも重篤なダメージを与えます（**図6.18**）。

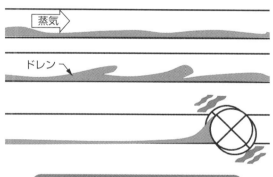

図6.18 ウォータハンマのイメージ

❕ その対処法

停止後の蒸気配管中のドレンを滞留させないため、適切な位置にドレンポケットを設け、適切にドレンを排出する必要があります。

また、蒸気を流し始める場合は、まず配管などの暖気を行う必要があります。そのため、蒸気バルブを少しずつ開いてドレンと高速に流れる蒸気を混在させないようにする必要性があります。

4 蒸気ラインのトラブル

第6章

> **心得**
>
> 　蒸気配管に蒸気を流し始めた際の、カン、カン…という音や振動がウォータハンマ（水撃）現状です。
> 　配管内も停滞したドレンが蒸気流で吹き飛ばされ、衝突して起こるものと、冷態時に蒸気が急激に凝縮し、発生したドレンが衝突して起こる場合があります。

3 安全弁の故障

✘ どんなトラブルか

　普段から、最高圧力付近でボイラを運転しており、安全弁から若干の蒸気漏れを起こしていましたが、吹き出し動作が発生しているわけではないのでそのまま使用を続けました。
　ある日から同じ蒸気圧力で運転を行っても安全弁からの蒸気漏れがなくなり、逆におかしいと思って配管を点検したところ、安全弁吹き出し配管から大量のさびが発生しており、弁体などに堆積して安全弁の動作を妨げていました。

❓ その原因は

　普段から安全弁に漏れが生じていたため、その蒸気で安全弁配管が、腐食していました。そのさびが、配管の底となっている安全弁の吹出し口に堆積し、安全弁の動作を妨げていました（**図6.19**）。
　もし、このまま使用を続けていて、万一最高圧力を超えた運転になったとしても、安全弁が正常に作動できない可能性がありました。

図6.19 安全弁吹出し口にさびが堆積

⚠ その対処法

　安全弁は設定圧力になってからいきなり吹き出すのではなく、設定圧より若干低い圧力（設定圧の90％）から弁座漏れが生じます。この状態が長時間続くと、安全弁の設定に狂いが生じて設定圧力以下での吹き出しなどが発生する場合があります。また、安全弁の吹き出し配管は弁座などにドレンが戻らないよう、吹出し側へと下降勾配とし、鉛直配管の下部にはドレン抜き用の穴を設けます。

心得

　ボイラの安全弁は最高圧力付近で漏れが生じるため、運転圧力に余裕をもった運転を心がけることです。安全弁に漏れなどの異常が発生したときは、ボイラの運転を停止した後、点検を行います。

　圧力容器に万一破裂の事故があった場合、事故報告書を所轄労働基準監督署長に提出しなければなりません。

4 ディスクトラップを保温して開弁不良

✖ どんなトラブルか

蒸気配管でウォータハンマが発生するため、
① 配管の保温強化
② 配管各所にドレンポケットの設置
③ スチームトラップの増設
を行うこととしました。
スチームトラップはディスク式を選定し、配管の各ポイントに取付けを行いましたが、ウォータハンマは止まらず、スチームトラップからのドレン排出も思わしくありません。

❓ その原因は

配管の保温を強化した際に、スチームトラップまで保温を行ってしまいました。ディスク式のトラップは、内部のバイメタルリングの温度変化により作動します。そのため、ディスク式のボンネットは外気冷却されるようになっています。そこに保温を行うとトラップが冷えにくくなり開弁が遅れます。作動遅れが生じると本来排出すべきドレンを滞留させてしまいます。そのため、スチームトラップからドレン排出が行われず、ウォータハンマ対策の効果が出ていませんでした。

❗ その対処法

ディスク式スチームトラップの保温可否、設置場所の条件については、取扱説明書を熟読すること。その他のスチームトラップを設置する場合でも、スチームトラップの動作原理や特徴を確認し、その場所、環境に適したスチームトラップを選定します（図6.20）。

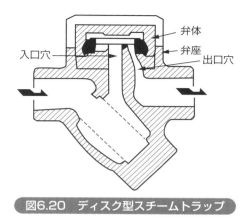

図6.20 ディスク型スチームトラップ

> **心得**
>
> トラップには、ディスク型以外にも、バケット型、フロート型などさまざまあります。動作原理などにより、設置場所に向き、不向きがありますので、スチームトラップのカタログなどを熟読して選定するようにします。

5 蒸気配管の伸縮不足によるトラブル

✗ どんなトラブルか

ボイラ更新に伴い、各配管も修正しました。工事を終えて、蒸気配管に蒸気を流し始めたところ、蒸気配管がゆれ始めました。

蒸気配管の固定箇所を確認しますと、サポート部分から蒸気配管のシュー（配管支持金具）が外れており、宙に浮いた状態となっていました（図6.21）。

4 蒸気ラインのトラブル

第6章

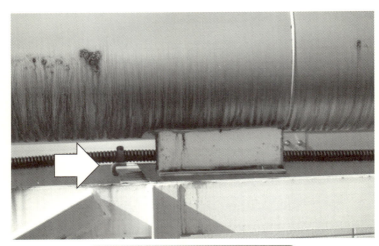

図6.21　サポートから外れたシュー

❓ その原因は

　蒸気配管を検討する際に、ボイラ停止時（冷えた状態）と稼働中（暖められた状態）では温度差が大きいため、配管の伸縮量を加味した設計を行う必要があります。固定点と伸び方向、伸びの吸収方法、固定方法を間違えると、配管の破損やフランジ接続部からの漏れなどの不具合が生じます。

❗ その対処法

　蒸気配管の伸びを見誤った設計ミスです。
　伸びの再計算を行い、強度上問題ないことを確認してサポートを追加して蒸気配管に荷重がかからないようにしました。
　蒸気配管での伸縮によるトラブルでは、ガイドを破損させるなど、かなりの力が作用しています（**図6.22**）。

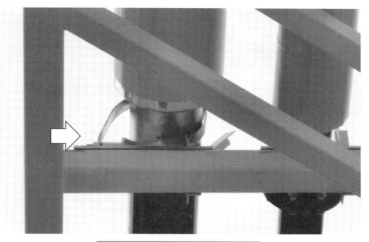

図6.22 ローラガイドが破損

心得

　配管の支持点と支持力を検討し、どちらの方向にどれだけの作用が働くか、十分検討を行って蒸気配管を固定する必要があります。ボイラであれば、蒸気配管だけではなく、排ガスが高温の場合は煙道も注意が必要です。

5 腐食のトラブル

1 異種金属の接触腐食

❌ どんなトラブルか

　ユーザの要望でステンレス製の給水タンクを納品しました。施工の際に手元にあったボルト・ナットを使って工事を完了させ、試運転などで漏れなどがないことを確認しました。
　数カ月経ったころにユーザより給水タンクに腐食が見られるとの連絡があり確認したところ、とくにボルト・ナットが激しく腐食しており、フランジ部分からは水漏れも起こしていました。

❓ その原因は

　ボルト・ナットの材質を確認したところ、鉄であることがわかりました。また、ボイラ給水は井戸水でかなり冷たく、フランジ部分は結露で濡れている状態となっていました。腐食が促進された理由は異種金属の接触によるものでした。
　異なる金属同士を接触して使用すると、イオン化傾向の大きいほうが陽極（プラス極）に、小さいほうが陰極（マイナス極）となって電流が流れ、陽極となる金属が集中的に腐食促進されます。異種金属を使用し、かつ結露によってその接触部分に水が存在したため、腐食が促進されてしまいました。

❗ その対処法

　基本は異種金属が接する施工を行わない。異種金属の接続部には絶縁継手を使用する。特に、温水ボイラの温水配管に銅配管を使用する際に

は、マグネシウム棒を使用するなど、注意が必要です。

　浴室のステンレス部分にヘアピンを置いておくと、短時間でヘアピンがさびてステンレス部分にさびのあとが残る場合がありますが、まさにこれが異種金属による腐食の例となります（**図6.23**）。

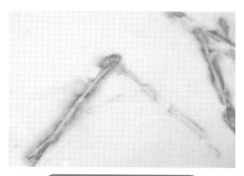

図6.23　ヘアピンのさび

心得

ボイラ設備はいろいろな材質を使用して組み立てられています。工事を行う際は材質に注意して、必要に応じて絶縁処理を実施する。

2　A重油の硫黄による腐食

✖ どんなトラブルか

　ボイラ更新に伴い、燃料をA重油からガス燃料に切り替えることにしました。高効率タイプのエコノマイザを搭載したボイラへ変更し、運転を始めましたが、しばらくすると排気筒のドレン抜き配管部分から大量

5 腐食のトラブル

第6章

の黒い液体が流れ始め、そのうち、その配管も腐食して穴が空きました。

ボイラを停止して排気筒内を確認したところ、かなりの箇所で腐食が発生しており、このまま運転を続けると排気筒が朽ちてしまう寸前でした。

❓ その原因は

A重油で使用していた排気筒をそのまま流用しました。A重油を使用していたときに微量のススが排気筒に残っていましたが、高効率のガス焚きに変更したことで、排気筒内で燃焼ガス中の水分が結露して排気筒の内側を流れ始め、A重油のときに付着したススに含まれる硫黄と反応し硫黄化合物となり、排気筒内や排気筒ドレン配管を一気に腐食させていました。

差込み式の場合、図6.24のとおり継ぎ目から漏れ出る場合もあります。

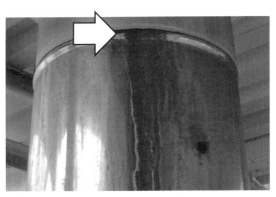

図6.24 排気筒の継ぎ目からの漏れ

❗ その対処法

排気筒は全面的に作り変えを行いました。過去に重油を使用している場合は、排気筒内にススの成分が残っている可能性があります。また、高効率のボイラへ更新した際に発生する燃焼ガス結露水も避けられないため、このようなケースでは排気筒は全面的に交換するのが無難です。

> **心得**
>
> 最近のボイラは高効率化が進んでおり、排ガスの結露が避けられないケースが多くあります。重油焚きのボイラからガス焚きに変更した際は、排気筒などは交換することを前提にユーザと協議することが大切です。

3 排ガス中の水分凝縮で腐食

✗ どんなトラブルか

ボイラを燃料転換してガス焚きに変更したことで、少しでも熱回収を行うために、ボイラ燃焼ガス経路に燃焼ガス-水の熱交換器を設置し、ボイラ給水加温や温水製造の補助に使うことにしました。

省エネ効果を感じているときにボイラが燃焼不良を起こし始め、不着火や途中で炎が消える、定格の燃焼量が出なくなるなどの不具合が発生し始め、熱交換器も少しずつ能力が低下し始めました。

? その原因は

燃焼ガス経路に取り付けた熱交換器を取り出したところ、熱交換器のチューブに取り付けられたフィン(熱を吸収しやすくするために取り付けられた板上のもの。今回は熱交換のパイプにスパイラル状に溶接されていました)がさびて崩れており、燃焼ガス経路を阻害したためにボイラの燃焼に悪影響を及ぼしていました。また、フィンがさびた原因は燃焼排ガスの結露によるものでした。

ガス焚きに変更したため、多少の結露は問題ないと判断していましたが、結露水の成分を調べたところ、pH 3〜4の酸性を示しており、それ

5 腐食のトラブル

第6章

が原因でフィンを激しく腐食させていました（**図6.25**）。

図6.25　熱交換器のフィン腐食

その対処法

　熱交換器に供給する水を少し加温し、フィンで結露水が発生しないようにしました。せっかく取り付けた省エネ機器でしたが、腐食防止のために少し熱を加える必要が生じました。都市ガス（13A）燃焼排ガスの露点温度は、およそ55℃程度なので、その温度まで熱交換する水を加温すれば、熱交換器が結露による腐食を防ぐことができます。

心得

> 　排気経路にもよりますが、屋外部における排ガス温度低下で煙突出口付近は結露しやすくなっています。煙突出口から飛沫する酸性の結露水によって、屋根、外壁、駐車場の車などに影響がないか、配慮が必要です。

4 ボイラ水のアルカリにより黄銅が腐食

✖ どんなトラブルか

ボイラの缶水を採水するバルブが漏れ始めたため、在庫で持っていたバルブと交換しました。バルブ自体は耐熱150 ℃とのカタログ記載でしたが、熱交換器を通した後に使用しているバルブでしたので、影響はないと判断して取り付けを行いました。

取り付けて数日経つと、交換したバルブから激しく漏れ始め、結局、ボイラを停止させてから交換する必要が生じました。

❓ その原因は

バルブのカタログを再度確認しましたが、150 ℃以下の水であれば、圧力0.69 MPaまで使用できるバルブで、使用条件は問題ありません。

バルブの内部を確認すると、ボール部分が腐食して侵食されていました（図6.26）。

原因は、アルカリによる侵食でした。ボイラ水は腐食を防止するためにpH 11.0～11.8（JIS B 8223「特殊循環ボイラーの給水及びボイラー

図6.26　ボールバルブの腐食①

5 腐食のトラブル

第6章

の水質」の多管式より）に保ちますが、今回使用したバルブの材質は黄銅であったため、アルカリによる腐食でバルブが早期に破損したものと考えられます（**図6.27**）。

図6.27　ボールバルブの腐食②

心得

　耐温度、耐圧力が許容範囲という判断材料だけで、バルブや材料を選定すると、思わぬ腐食トラブルを招く可能性があります。

　ボイラから発生する水は酸性やアルカリ性など、発生する箇所によってさまざまです。特性を知って選定する必要があります。

6 排気筒のトラブル

1 燃焼時の通風力の影響

✗ どんなトラブルか

　機械室がビルの1階だったため、ボイラをその一室に設置しました。排ガスを開放する箇所がないため、工事費用がかかりますが、ビルに沿って排気筒を伸ばし、屋上よりさらに上の安全な場所で開放させました。工事も無事に終わって試運転に入ったのですが、ボイラはいったん燃焼するものの、しばらく燃焼を続けると失火してしまいます。燃焼調整を繰り返しましたが、着火し燃焼するものの、燃焼継続できずに途中失火となってしまいます。

❓ その原因は

　燃焼ガスの酸素濃度を確認したところ、バーナ点火してしばらくは燃焼適正値ですが、時間が経つと過剰空気となって失火していることがわかりました。燃焼を送り込む送風機の故障なども考えましたが、特に異常ありませんでした。
　原因は、排気筒を高くしたことで、着火時と燃焼継続時で排気筒の通風力（ドラフト力）が変り、失火につながっていました。排気筒による通風力が強いと、炉内が負圧となって周囲から過剰な空気を吸い込んでしまいます。結果、ドラフトの圧力変動幅が大きくなり燃焼が安定せず、過剰空気により火炎が吹き消えを起こしていました。

❗ その対処法

　排気筒に作用するドラフト（通風力）は、熱気球と同じ原理で作用し

6 排気筒のトラブル

第 6 章

ます。排気筒が高く、燃焼ガスが熱くなれば上昇する力が働きます。

今回はその作用をおさえるため、通風力が強く働くと空気を吸い込んでドラフト力を調整するドラフトレギュレータ（炉圧調整器）を設置しました。

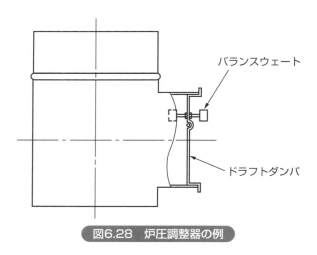

図6.28 炉圧調整器の例

心得

ドラフトレギュレータ（炉圧調整器）の設置にあたっては、開閉による騒音や、排ガスの微量漏れによる異臭の発生に配慮が必要です。また、不完全燃焼の場合の安全配慮が必要です。

2 通風抵抗

✗ どんなトラブルか

大型のボイラから小型貫流ボイラへの入れ替えに伴い、ボイラ室内の排気筒は変更しましたが、自立煙突はそのまま使用することとなり、

ボイラ室で複数の小型貫流ボイラの排気筒を集合煙道とし、屋外の自立煙突へ接続することとなりました。

　自立煙突の取り合いと小型貫流ボイラの集合煙道取り合いを接続することが難しく、曲がりなどを駆使して接続しました。他設備も工事完了し、試運転に入りましたが、ボイラを１台運転させているときは、調子よく燃焼するものの、台数制御運転で複数台運転すると振動燃焼を始める、ボイラ室に排気ガスのにおいがする、などの不具合が生じました。

? その原因は

　集合煙道として自立煙突に接続する際に、煙道通風力計算で検討していなかった曲がりなどを追加したため、通風抵抗が増えたことによる燃焼不良が原因です。自立煙突とボイラの排ガス温度から通風力、集合煙道の口径、形状から通風抵抗を計算し、ボイラの可能な燃焼範囲より適正な煙道口径などを設計しますが、今回は口径決定後に工事都合で曲がりなどを増やしたため、ボイラが複数台燃焼した際は通風抵抗が想定以上となって振動燃焼を起こす、また場合によっては、停止ボイラから排ガスが逆流するなどの不具合が発生しました（図6.29）。

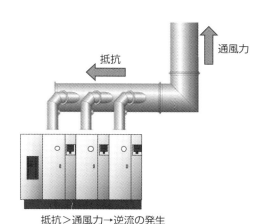

図6.29　通風力と抵抗

6 排気筒のトラブル

第 6 章

❗ その対処法

　煙道すべてを変更するのは大変な作業になるため、煙道通風抵抗計算より、現在の煙道形状で接続できるボイラのみを集合煙道とし、残りのボイラは単独排気に変更しました。

　集合煙道の場合、ボイラの燃焼可能な範囲に煙道圧力範囲がおさまることが重要ですが、停止しているボイラがある場合に煙道圧力がプラス圧になると、排気ガスがボイラ室に逆流する恐れもあり、設計時は注意が必要です。

心得

> 　ボイラ設備と、排ガスの脈動が激しいエンジン設備などとの集合煙道は、通風力の急激な変化を受けやすく、おすすめできません。別排気にしたり、案内板を設けたりして、影響を受けない排気方法の検討が必要です。

3 集合煙道の形状トラブル

❌ どんなトラブルか

　ボイラの排気筒を集合煙道で製作することとなりました。煙道を通すスペースが小さいため、極力面積を確保したいので断面を四角で作成することとしました（図6.30）。

　通風抵抗計算などを行い、煙道内圧力も加味して形状を決定して計画したとおりに製作を行い、無事に工事も終わって試運転を行いましたが、煙道から音が発生し始めました。

❓ その原因は

音の原因は、流路の板厚不足による振動で音が発生していました。

煙道計算を行った際、煙道圧力の値から強度は問題ないと判断していましたが、ボイラの着火時の衝撃などが煙道内に影響し、四角面が振動を始めて、その振動によってボイラが振動燃焼を始めるという悪循環が発生しました。

図6.30 角型の煙道形状

❗ その対処法

排気筒内部にクロスにアングルをいれて補強を行い、表面は保温を行うなどして振動しない形状としました。振動が止まったため、ボイラの燃焼も問題なくなりました。

心得

> ボイラ排気筒は着火衝撃や、ドレンの溜まりなどを考えると極力円形にします。四角とすると、面積の確保や曲がり形状の滑らかさなどで圧力損失のうえでは有利ですが、思わぬトラブルを招く場合があります。

6 排気筒のトラブル

第6章

4 ばい煙測定でのトラブル

⊗ どんなトラブルか

　小型貫流ボイラの場合、ばい煙測定義務が斟酌(しんしゃく)されていますが、条例や協定により測定を指示される場合があります。

　測定では、ばいじん量、窒素酸化物、酸素濃度などを測定しますが、排ガス量も測定を行います。測定を行ったユーザから「ボイラから届出以上の排ガスが出ている」との連絡がありました。ボイラの燃焼量などを確認しても問題ない値ですが、ばい煙測定時に計測された排ガス量が届出値より多いということでの連絡でした。

? その原因は

　ばい煙測定時の排ガス量の測定は、ピトー管と呼ばれる装置で排ガスの流速を測定し、その流速と排ガス温度から排ガス量を求める場合がほとんどです（**図6.31**）。

　そのため、排ガスを測定する位置によっては偏流により燃焼排ガスが速く流れているところがあり、結果、排ガス量が多いという測定結果となります。ボイラは、ばい煙発生施設の届出により時間当たりの排ガス量を届出しているため、ユーザからすると届出以上の値となっていることで、トラブルであると判断されてしまいます。

! その対処法

　排ガス流速は、手前に曲がりや圧損要素などがあると、外乱を受けて排気筒内で流速の分布が変ってきます。極力外乱がないように測定部の手前は直管部分を設けます。

　なお、形状などにより直管部分が困難なケースも多いかと思います。

その場合は、燃料消費量などより実際の排ガス量を計算して、外乱の少ない測定での結果ということで説明をします。

測定孔（φ100）

図6.31　排気筒の測定孔

測定の誤差はどうしても発生するため、その場合は外乱要素を説明し、より正しいと思われる測定を行って理解を求めます。

5　排気筒の壁貫通時は接続部などに注意

⊗ どんなトラブルか

屋内にボイラを据え付けた場合は、排気ガスを屋外に開放する必要があるため、排気筒の施工は壁を貫通させる必要があります。

差込み式の排気筒を順番に差し込み、壁を貫通させて屋外まで施工を

6 排気筒のトラブル

第**6**章

行いました。運転後、しばらくしてボイラ室の排気筒貫通部を確認すると、一部建屋が炭化している箇所が見受けられたため、ボイラの使用を止めて点検を行いました。

❓ その原因は

壁の貫通部には不燃性断熱材を使用しなければなりませんが、一見して明らかに可燃性である材質が使われていました。また、排気筒の差込み部分がちょうど壁貫通部にかかっており、排ガスが直接建屋と接触していたため建屋が炭化していました。もう少しで火災になる重大な工事ミスです（**図6.32**）。

図6.32　排気筒壁貫通部の例

- 可燃性の壁などの貫通部は10 cm以上の金属以外の不燃材料で被覆する（または15 cm以上離す）。
- 壁貫通部内に排気筒のつなぎ目がないこと。

チェック □

チェック □

図6.33　排気筒壁貫通部のチェック例

!その対処法

まず、貫通部分を不燃性の材質に変更しました。また、排気筒接続部が壁内にあると排ガス漏れなどに気づくことができず大変危険であるため、排気筒の接続長さを変更して貫通部分に継ぎ目がかからない施工に変更しました。

心得

図6.33のようにチェックシートを活用することで、トラブルの防止となります。火災予防条例、建築基準法、労働安全衛生法（ボイラー及び圧力容器安全規則）の排気筒施工基準に準じ、防火上支障のない施工を実施します。

6 ドレン抜きがないため、ドレンがボイラまで逆流

✗ どんなトラブルか

ボイラの缶体-エコノマイザ接続口より水漏れが発生しました。ボイラ水管、もしくはエコノマイザのパンク（破裂や穴あきなどにより、圧力容器が壊れること）による水漏れと思い、ボイラを停止させて主蒸気弁やブローバルブなどを全閉としましたが、圧力降下せず、水漏れもあまり激しくないため、パンクではなさそうでした。

? その原因は

排気筒からの雨水浸入や、燃焼ガスの結露などのさまざまな要因で、排気筒内に水が浸入、または結露したものが溜まって漏れ出したものでした（**図6.34**）。

6 排気筒のトラブル

第6章

　通常、ボイラ煙突やエコノマイザ下部にはドレン抜きが付いていますが、プラグ止めをしていました。ボイラ炉内まで雨水や結露水が浸入すると、バーナの底に水が溜まって炉内換気と同時に水滴を巻き上げ、着火不良を起こすこともあります。排気筒結露排水配管につまりがある、適切な勾配が設けられていないなど、排水配管に不備があると缶体にまで水が溜まることがあります。

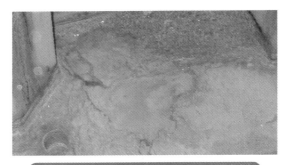

図6.34　エコノマイザ内のドレン滞留例

❗ その対処法

　排気筒出口にはトップ（笠）を設けるなど、雨水の入りにくい構造とします。結露水の発生は適切な口径、勾配で排水経路施工します。逆勾配・鳥居形状に配管施工しないことは、必要条件です。結露水は酸性の可能性があります。配管材料にも注意が必要です。

心得

　排気筒のトップ（頂部）には、雨水または、虫、ほこり、その他衛生上有害なものを防ぐための設備をします。

　排気筒には、その頂部および排気口を除き、開口部を設けないことです。また、ボイラ排気筒やエコノマイザ下部のドレン抜きについては適切な配管の施工が必要です。

7 長期休缶後の運転注意事項

✖ どんなトラブルか

ボイラを使用するのは冬場の暖房時期のみで、それ以外は休缶しています。暖房時期が近づいてきたので、休缶処理の解除作業を実施し、ボイラ周辺の安全確認を終えた後、試運転を行いましたが、燃焼しません。燃焼に入るまでのボイラ動作は正常に動作しており、問題ありませんでした。

❓ その原因は

ボイラの排気筒を確認したところ、トップに大量の異物がありました。休缶中に鳥の巣が作られたようで、その異物により燃焼排ガスが排出できないため燃焼できませんでした（**図6.35**）。

排気筒の閉塞は、鳥の巣以外にも、降雪や排気筒内のライニング材の剥離なども考えられます。煙突出口の閉塞により、燃焼ガスが排出できずにボイラが燃焼できないほか、ボイラ室へ燃焼ガスが逆流して一酸化炭素中毒などの重大事故が発生したり、異物が発火し火の粉を周囲に吹き出してしまう危険性もあるため、非常に危険です。

図6.35 排気筒の途中・トップの確認

6 排気筒のトラブル

第6章

⚠ その対処法

休止ボイラの使用再開、降雪時には特に注意して排気経路に異常がないか確認し、異物などがある場合は取り除くようにします。

燃焼時に異臭、異音があった場合には、即座に使用を停止してメーカなどに連絡するようにします。

心得

> ボイラ運転再開の際はボイラ周辺だけではなく、排気・排水の途中や末端の状態も確認するようにします。
>
> 給排気仕様の場合は位置も低く、排気温度も低いため、特に降雪や生物の侵入による閉塞には注意が必要です。

8 排気筒の振動と音

✕ どんなトラブルか

ボイラ出力が100％（高燃焼）－50％（低燃焼）－0％（停止）のボイラに更新、排気筒も新規に施工し直しました。試運転を行うと、高燃焼時は問題ないものの、低燃焼では排気筒が振動し始め、同時に音も発生しました。高燃焼時にはその現象が発生しないため、排気筒の強度は問題ないと判断できます。

❓ その原因は

燃焼ガス流の脈動、モータなどの機械的な振動が、共振現象によって増幅されることで排気筒の振動や異音を引き起こしているようです（図6.36）。

ボイラ本体の燃焼ガス流に伴う振動が、排気筒などの周囲の構造物と共鳴し、大きな振動を誘発させていると思われます。高燃焼のときには共振がないため、異音などの発生がありませんでした。

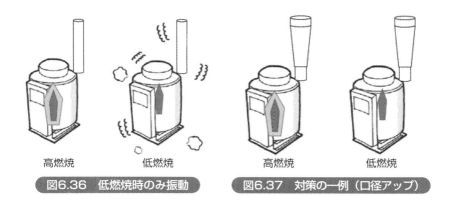

図6.36　低燃焼時のみ振動　　　図6.37　対策の一例（口径アップ）

❗ その対処法

- 煙道内にオリフィスを設け、流体の脈動を抑制
- 煙道長さ、取り合いの変更、断面形状の変更
- サイドブランチ（容積）の追加
- 排気筒サポートの間隔の調整、固定の強化、支持の強化

煙道形状や大きさ、曲がり数を変更する場合は煙道通風力計算の再確認を実施します（**図6.37**）。

心得

共振現象は、流体の振動と機械的な構造が複雑に影響しているため、有効な解決方法について、机上での検討は困難です。

7 配線のトラブル

1 ボイラ到着時の端子台

✕ どんなトラブルか

ボイラ運転直後にボイラの制御盤から煙が上がり始めました。急いでボイラを止めて制御盤内を確認すると、一部の端子台が焼けていました（図7.38）。

❓ その原因は

ボイラ制御盤内にはいろいろな機器や配線、端子台が付いています。今回は、ある端子台の配線のみが焼損していました。ボイラを工事した業者に確認すると、自分達が外部接続した端子以外は触っていないということでした。また、試運転を実施した業者にも確認しましたが、同様に端子台などには触れていないとのことでした。最終的な原因究明はできませんでしたが、だれも端子台に触れていないということはボイラが

図6.38　焼損した端子台

到着してからの増し締めを実施していないということですので、メーカから輸送されてきた際の振動などにより一部の端子台が緩み、接触などより火花が発生して焼損したものと思われます。

❗ その対処法

輸送の振動などにより端子台なども緩んでしまう可能性があります。工事・試運転時など「誰かが行うだろう」ではなく、担当を決めて増し締めを実施し、実施完了した端子にはマーキングを入れるなどの工夫で防げるトラブルです。

心得

> 輸送などの振動で、ねじなどは緩むものと思い、現場での工事・試運転では必ず増し締めを行うことで、重大事故は防ぐことができます。

2 ボイラ付属機器の故障でボイラ停止？

❌ どんなトラブルか

長らくボイラを使用していましたが、その間、大した故障もなく順調に稼働していました。ところがある日、ボイラは突然、重故障停止しました（図6.39）。ボイラでリセットなどの操作を行いましたが復旧しませんでした。

❓ その原因は

ボイラの重故障停止と同時にボイラ設備である薬注装置も薬液不足の

7 配線のトラブル

第6章

アラームを発していたため、薬液を補充してアラームリセットしたところ、ボイラのアラームもリセットされました。

ボイラを導入した際に、システム設計した担当者が、ボイラに薬液が投入されないまま継続運転すると重大事故につながると判断して、薬液不足だとボイラが停止する制御を組込んでいました。運転を始めてから長らく薬液不足のアラームが発生することもなく運転、当時のシステム担当者も異動になっていました。

図面上はボイラ停止する制御が入っていましたので、細かい引継ぎは行っていませんでした。

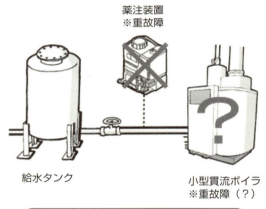

図6.39 薬注装置の故障でボイラ停止

⚠ その対処法

ボイラ操作担当者は、薬液不足のレベルではボイラ停止のアラームではないという思い込みがあり、原因特定に時間を要してしまいました。ボイラシステムを稼働し始めたときも細かい説明はありませんでした。システム設計の引継ぎ担当者も図面を確認するまで、この制御を把握していませんでした。後日、システム設計担当者とボイラ操作担当者が制御に関する打ち合わせを行い、付属機器のアラーム種類確認とそのアラームによるボイラ停止の必要性について協議を行い、共通認識を持ちま

した。制御の改造と、アラーム発生時の対応マニュアルを作成して担当者が変わった場合でも落ち着いて対応できるようにしました。

心得

> システム設計を行う場合は、現場での用途や必要性を把握して設計しなければなりません。現場担当者は、どのような制御ロジックとなっているか、把握する必要があります。
> 場合によっては今回のように、お互い打ち合わせを行って知識を共有することが重要です。

3 台数制御が正常に働かない

✗ どんなトラブルか

小型貫流ボイラの複数台設置に入れ替えを実施しました。入れ替え当時からボイラシステムの動作に若干不安がありましたが、ボイラが停止するほどのことはなかったため、継続して使用していました。

ある日、ボイラは運転するのですが、複数台設置のための台数制御が正常に働かなくなり、蒸気圧力が安定しなくなりました。急激な圧力低下などが発生するため、製造部門から製品不良が発生するというクレームに発展しました。

? その原因は

ボイラの台数制御盤にも特に異常がありませんでしたが、台数制御盤（親機）が発した指令をボイラに搭載した受信機（子機）が受け取れない状況でした。しかし、子機も機能としてはおかしいところがありません。

7 配線のトラブル

第6章

　原因は親機から子機に指令を出す信号線に雑音（ノイズ）があり、その影響でボイラが台数制御盤の指令どおりに制御できていませんでした。ノイズの原因は、制御の信号線とボイラなどを動かすための動力線が混在して配線ラック上にあり、動力線からノイズが入って制御に影響が生じていました。

(!) その対処法

　配線状況を確認し、配線ラック上で通信線と動力線を分けて施工しました。修正後に通信確認を行い、問題ないことも確認しました。以降、台数制御に関するトラブルは発生していません（**図6.40**）。

通信線と動力線は分けて施工

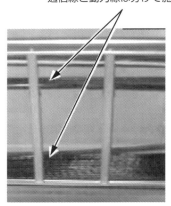

図6.40　配線ラックの施工例

心得

　最近のボイラではマイコンを搭載し、通信で制御を行っていますので、ノイズなどの影響を大きく受ける場合があります。ノイズに対しては工事施工時のちょっとした配慮で防ぐことができます。

4 圧力信号や流量パルスを直接分岐しない

✗ どんなトラブルか

ボイラのエネルギー管理のため、燃料や給水の流量計を取り付けている場合が多くあります。

事務所での管理を行うため、ボイラ管理・監視用のパソコンを導入しました。

蒸気圧力信号や流量パルスの信号を管理装置に取り込みましたが、ボイラ台数制御の応答遅れや流量計の計測値が管理装置と流量計メータ値で違うなどのトラブルが発生するようになりました。

? その原因は

蒸気圧力信号は、台数制御盤に取り込んでいる圧力センサの配線より、流量計は現場の管理盤に出力しているパルス配線から分配して配線を行っていました（**図6.41**）。

そのため、信号の減衰やノイズの影響により、台数制御の応答遅れや流量計値の誤りなどが発生しました。計装信号の分配には、信号分配器など専用の機材を使用して、適切な配線を行うことが必要です。

! その対処法

アイソレータやパルス分配器など、必要な機材については、メーカに確認して、ノイズの影響を受けることがない配線を行います。

7 配線のトラブル

第6章

> **心得**
>
> 　電圧信号であっても、並列での配線取り出しは予期せぬトラブルを招く恐れがあります。特に、蒸気圧力はボイラの制御信号として参照している場合があります。
>
> 　重大トラブルになる可能性がありますので、必ずメーカに確認するようにします。

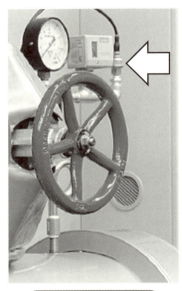

図6.41　圧力センサ

8 その他のトラブル

1 ボイラ室換気の不具合

❌ どんなトラブルか

新規工場で新しいボイラ室にボイラを設置。工事も完了して運転を始めましたが、しばらくするとボイラ室が暑くなり始め、長時間の作業ができないくらいになりました。

❓ その原因は

ボイラ室の設計を行ったところに確認すると、ボイラ室の換気扇の選定にあたって、ボイラメーカに燃焼に必要な空気量を確認したとのことで、それ以外の換気量は加味されていませんでした。ボイラ燃焼用空気も大事ですが、ボイラや配管、排気筒などは熱を放出しているので、その熱を除去することができる換気量も必要になります。ボイラ室で長時間放熱の除去が十分でないと、徐々にボイラ室が高温となって、作業環境の悪化や空気密度の変換による燃焼空気比のずれ、電子基板のオーバヒートによる故障などを引き起こします（基板温度上昇の安全機能で停止してしまうなど）。

❗ その対処法

燃焼用の空気と、ボイラ室が高温にならないよう放熱を排除できる、十分な換気を確保する必要があります。
また、ボイラ室では排気筒からの逆流や燃焼性への影響から負圧は好ましくありません。換気方法を選定する際は、第一種換気もしくは第二種換気で選定を行います（**図6.42**）。

8 その他のトラブル

第6章

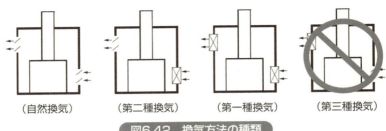

（自然換気）　（第二種換気）　（第一種換気）　（第三種換気）

図6.42　換気方法の種類

> **心得**
>
> 　寒冷地では、大きなガラリを設けると冬季に凍結のリスクが高くなります。
> 　換気によりボイラ室が負圧になると、ドラフトの不足や排ガスの逆流により、燃焼不良や異臭、最悪の場合は一酸化炭素中毒など重篤な事故の原因になります。

2　排水配管のいろいろなトラブル

✗ どんなトラブルか

　ボイラ室設置の各機械からの排水について、「排水だから…」ということからまとめてしまうと、装置に熱水が逆流する、配管が腐食もしくは熱で変形する、などのトラブルが発生します。

? その原因は

　ボイラおよびボイラ付属機器の排水については、
① 高温で有圧の排水：ボイラ缶底ブロー、ボイラ連続ブロー、スチームトラップ排水

② 高温で無圧の排水：給水タンク排水（ドレン回収を行っている場合）やオーバフロー配管
③ 低温で有圧の排水：軟水装置排水
④ 低温で無圧の排水：エコノマイザ、排気筒からの結露水排水、軟水装置の塩水タンクオーバフロー

と、さまざまな排水があります。また、ボイラ缶底ブローや連続ブローはアルカリ性ですが、エコノマイザ、排気筒からの結露水排水は酸性など、水質も大きく違っています。

排水配管の施工を間違えると、たとえばボイラ缶低ブロー配管に背圧がかかっていると、全ブローを行っても内部に廃水が残ってしまい、腐食、閉塞などの原因となります。高圧力の排水配管に無圧の排水配管を集合させると蒸気や熱水が噴出する危険性があり、作業者の火傷など、重大事故も発生しかねません。

❗ その対処法

まず、各装置の排水方法や排水される水の温度、水質を確認し、適正な配管を設計することが必要です。

心得

排水配管で特に注意してほしいのは、
① 確実な固定：特に有圧配管は配管が暴れないよう、確実に固定する。
② 鳥居配管の禁止：流れ方向に下降勾配をとして、鳥居配管にしない。
③ ピット飛散防止：排水ピットはブロー水の飛散防止のため、必ず蓋をする。
④ 逆流対策：ボイラが負圧になった際に排水が逆流しないよう、先端は水没させない。水面下に入れる必要がある場合は真空破壊用の穴をあける（**図6.43**）。

8 その他のトラブル

第6章

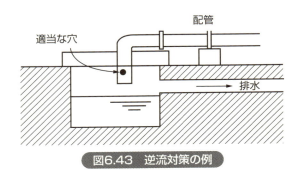

図6.43　逆流対策の例

3 高圧吹き出しが予想される配管は固定を徹底

✕ どんなトラブルか

　ボイラ圧力0.2 MPa程度、水面計から水位が確認できる状態でボイラのブロー操作を行いました。ブローバルブを少し開けて水位を確認しましたが、水位が下がらず、ピットからも熱水が噴出している様子が見受けられません。そのため、ブローバルブを全開にしましたが、まったく排水されないことから配管の詰まりを疑い、配管をハンマで叩いて詰まりを解消しようとしたところ、突然ピットに熱水が噴出し、その作用で配管が持ち上がって周囲にブロー水を撒き散らし始めました。

？ その原因は

　ボイラブロー配管がさびで詰まっており、ハンマで叩いたことによって詰まりが解消され、かつブローバルブを全開にしていたことにより、一気にブロー水が排出されました。
　配管の固定についても当初からしていなかったのか、腐食してしまったのか不明で、吹き出した反動によって配管が暴れだし、熱水が周囲に撒き散らされて火傷を負う羽目になりました。

❗ その対処法

　ブロー操作はボイラの操作の中でももっとも危険な作業の1つです。確実に作業が行えるように、常にバルブの腐食状況の確認や、固定が確実に行われているかなどを確認します（**図6.44**）。危ないと思った場合は、いったんブローバルブを閉として、安全に作業が行える状態を確保します。

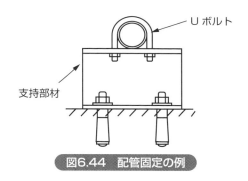

図6.44　配管固定の例

心得

　末端がピットに開放されていても、周囲に熱水が飛び散ることがあります。特に、側溝が縞鋼板やグレーチング（金網）などで蓋をされている場合は、板の跳ね上がりや、格子からの熱水の飛散にも注意が必要です。

4　密着設置時に接近したアンカー施工は割れの元

❌ どんなトラブルか

　最近の小型貫流ボイラは密着・密接設置が可能となっています。ボイラ

8 その他のトラブル

第 6 章

を設置する際はアンカーボルトを施工しますが、アンカーボルトを打ち込む間隔が近い、または、コンクリートでかさ上げした近くにアンカー施工する場合は、コンクリートの割れなどに注意が必要です（図6.45）。

? その原因は

　密着設置する場合は、ボイラとボイラの間がないため、となり同士のボイラのアンカーボルト距離が近くなります。そのままアンカー施工を行うと亀裂などにより破断面が干渉して、十分な強度を確保することができなくなります。

　アンカーボルトは、通常、埋め込み深さを頂点とした直円錐面での破断を考えます。このため、アンカーボルトの種類にもよりますが、最低でも埋め込み深さの2倍以上の離隔距離が必要です。

図6.45　コンクリートが割れた例

! その対処法

　密着するボイラの場合は、専用の架台を設置し架台とコンクリートをアンカーで固定、ボイラと架台はボルト止めを行います。

　かさ上げ近くへのアンカー施工も、近くを避けて施工を行います。

心得

アンカーボルトの最小間隔
① メカニカルアンカー（長さの2倍）
② ケミカルアンカー（呼称径の10倍）

5 ボイラの固定が不十分だと地震の際に転倒の恐れ

✗ どんなトラブルか

病院や2階に設置されるボイラでは、ボイラの固定が十分に行われていない場合が見受けられます。万一地震が発生した際にボイラの転倒などが考えられます。

? その原因は

アンカー施工されていない原因としては、
① アンカー施工できる床構造ではない
② アンカー施工によって下の階への影響が考えられる
③ 衛生面より床掃除を行うため、穴を開けたくない
などがあげられます。

! その対処法

質量1 kN（およそ100重量kg）を超える機器は、「建築設備耐震設計・施工指針」で、設置方法についての指針が定められています。

要求する耐震クラスや地域などを考慮し、適切なアンカーボルトの本数、種類を選定し、正しく施工し、日常管理においても、腐食の進行や緩みなどをチェックしていく必要があります（**図6.46、図6.47**）。

8 その他のトラブル

第 6 章

図6.46　アンカーボルトの正しい施工例

- 木質や可燃性の床には設置しない。

チェック

可燃性床

チェック

- アンカーボルトを確実に施工する。

図6.47　アンカーボルト施工の確認例

心得

建築物への設置・取付けにあたっては、建物側の耐力、床面の材質などにも、安全上支障のない構造であるか確認が必要です。

6 ボイラ出荷時の防錆処理

⊗ どんなトラブルか

　ある食品工場に納品したボイラで、試運転の最後にボイラ発生蒸気に匂いなどがないかのテストが行われました。ユーザの試験官に、蒸気をドレン化したものをテストしてもらいましたが、「刺激臭がする」とのことで合格できず、運転とブローを繰り返し実施して匂いをなくす作業を行う必要性が生じました。

❓ その原因は

　汎用品のボイラでは、ボイラ製造から出荷までに時間を要する場合があります。その間のボイラ腐食を防ぐため、製造試運転後に防錆剤を投入する場合があります。
　その防錆剤が気化してボイラのさびなどを防ぐのですが、その気化したものがボイラに使用しているフランジガスケットやバルブのグランドパッキン部分に残ってしまうため、運転とブローを繰り返しても、なかなかユーザの要求する「匂いのない蒸気」とすることができません。

❗ その対処法

　いちばんの対処方法は、ボイラの仕様を決定する際にそういった試験があることを確認し、その場合には製造に対して防錆剤の投入を行わないよう指示を行うことです。その場合、完成から長時間ボイラを置いておくと腐食の問題が発生します（**図6.48**参照）。製造・納品の時期については綿密な打合せが必要です。また、ユーザの要求レベルも十分に確認が必要です。バルブ類については、禁油仕様を要求されることもあります。

8 その他のトラブル

第6章

図6.48　納品までに腐食してしまったフランジ

心得

　食品工場などでは衛生面を気にするユーザが多いため、仕様詳細を十分に打合せる必要があります。

7　高効率ボイラに変更したが…

✗ どんなトラブルか

　ボイラを最新の高効率ボイラに更新しました。試運転も完了し、操業運転を始めましたが、近隣住民から「工場の煙突から有毒な煙と思われるものが排出されている」との苦情が届き始めました。ボイラ試運転時には、ばい煙測定も実施し、ばいじん・窒素酸化物などの排出も問題ないことは確認していました。

? その原因は

　指摘されている煙突を確認すると、排気筒トップから白い煙が発生していました。従来のボイラの排ガスが無色でしたので、苦情の原因はこ

のことでした。

白煙の原因は結露水によるものでした。ボイラを高効率仕様に変更したため、排ガス中の水蒸気が凝縮し、結露水になって、目に見えるようになりました。結露水により燃焼ガスが白くみえることで、付近の方がたからは公害を多く発生させる機械に入れ替えたとの誤解になっていました。

❗ その対処法

効率がよくなった結果の白煙ですので、白煙をなくすことはイコール効率を悪くするということになります。せっかく費用をかけて高効率にしたのですから、元に戻すという選択肢はありません。

連絡いただいた方がたには白煙の詳細を説明し、納得していただくのが一番です（**図6.49**）。高効率ボイラを使用しつつ、白煙をなくしたい場合は、ドレン回収などを行い、ボイラへ供給する給水温度を上げることで、排ガス温度を結露水の発生しない温度まで上昇させて対応する方法があります。

図6.49　排気筒からの白煙

心得

見る人が変われば、良いものでも悪いと思われる場合があります。誤解を放っておくと大きなクレームとなり、ユーザの信用を失墜させてしまいます。ユーザには不要な労力をかけさせないよう事前に十分な説明を行うことが大切です。

8 送風機の吸込み口のゴミ詰まり

❌ どんなトラブルか

クリーニングのユーザで、ボイラを使ってもらっていましたが、しばらくすると燃焼不良となり、排ガスから黒い煙が発生し始め、そのうち点火できなくなるというトラブルが発生しました。

❓ その原因は

原因は、送風機の空気吸込み口にホコリやゴミがつまり、燃焼に必要な空気が供給できなくなることで、不完全燃焼を起こし、黒煙を発生したり、ばいじん量が増えたりしていました。その状態のまま放置し、悪化すると燃焼そのものができなくなってしまいます。

業種によっては、機械室にホコリやちりが多く存在するため、同様のトラブルを抱えるユーザが多くあります。この状況を放置しておくと、水管外側へのススの付着により、ボイラ効率の低下などのトラブルにも発展します。

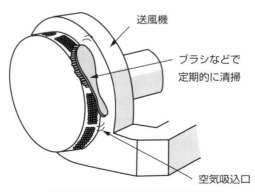

図6.50 送風機の吸込口掃除

! その対処法

燃焼不良が発生する前に送風機の空気取込み口、フィルタの定期的な掃除を行うことが必要です（図6.50）。

また、環境のよい場所から燃焼用空気を供給する外気導入などの手段も有効です。

心得

> ボイラ室の換気設備の故障、ガラリの汚れ、閉塞にも注意する。
> また、ホコリやちり以外にも、腐食性ガスの吸込みが避けられない場合があります。その場合は、外気導入などの対策が有効です。
> 給気中のホコリやガスは、ばい煙にも影響を及ぼすことがあります。

9 中圧・低圧の蒸気を供給する場合の注意事項

✕ どんなトラブルか

業種によっては高温の蒸気が必要で、蒸気圧力0.98 MPaを超える中圧ボイラと最高圧力0.98 MPa以下の小型貫流ボイラを併用して使用しているユーザがあります。中圧ボイラの蒸気配管を分岐して、小型貫流ボイラのスチームヘッダと共有している場合が多くありますが、その際は設備に法規的な注意が必要となります。

? その原因は

違う蒸気圧力の機器を接続する場合は、中圧から低圧にする減圧弁以外にも低圧蒸気圧力で設定された安全弁の設置が必要になります（図6.51）。

8 その他のトラブル

第6章

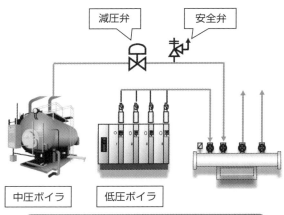

図6.51　中圧ボイラと低圧ボイラの接続例

その対処法

　圧力容器構造規格 第六十四条、
「第一種圧力容器には、異なる圧力を受ける部分ごとに、内部の圧力を最高使用圧力以下に保持することができる安全弁その他の安全装置を備えなければならない。ただし、ボイラーその他の圧力源と連絡する第一種圧力容器（反応器を除く）の部分であって、その最高使用圧力が当該圧力源の最高使用圧力以上であるものについては、この限りではない。」
　「その他の安全装置」として、例えば、次のものがあること。

- （ア）　自動的に圧力の停止させる装置
- （イ）　減圧弁で、その二次側に安全弁を取り付けたもの
- （ウ）　警報装置で、安全弁を併用したもの
- （エ）　逃がし弁（その呼び径が15 mm以上のものに限る）または逃がし管。なお、逃がし管にあっては、JIS B 8270の12.1.6の（1）の規定中「0.02メガパスカル」とあるのは「0.034メガパスカル」と読み替えること。
- （オ）　破裂板（圧力容器の内容物が安全弁の作動を困難にする場合に限る）

※今回の対応は（イ）になります。

心得

接続される二次側設備の最高圧力が、ボイラと同じであれば安全装置などは不要です。法規の解釈も重要です。「知らなかった」にならないように注意が必要です。

10 保温材の劣化

❌ どんなトラブルか

ボイラを使いはじめて長い年月が経過しましたが、ボイラ単体の効率は日ごろのメンテナンスの成果もあって、あまり低下していません。しかしながら、少しずつ使用する燃焼使用量が増えてきました。

❓ その原因は

さまざまな原因が考えられますが、その1つとして保温材の劣化が挙げられます。

保温材は年月が経過すると保温性能（熱伝導率）が低下していきます。その性能が低下する原因は、結露や雨水の浸入、配管からの液漏れやバルブからの軸漏れなど、雰囲気や時間の経過によるものであるため、最終的には避けることができません。保温材の劣化はエネルギー使用量の増加だけではなく、ボイラ室温度が上昇するなどの影響もあります。

❗ その対処法

蒸気配管などの場合、保温材の表面温度が上昇していることで判断できます。また、屋外設置の場合は、耐候性にも配慮した保温材の選定や、ラッキングの施工が必要です。

8 その他のトラブル

第6章

心得

熱によって外装の変色が生じる場合もありますが、一般的には目視で判断できないため、サーモグラフィによる温度計測が有効です（**図6.52**）。バルブなどの場合、メンテナンス時に脱着可能な保温材もあります。

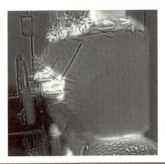

図6.52　サーモグラフィによる温度計測

11 燃焼量に適した水位でなかったため異常過熱

✖ どんなトラブルか

燃焼制御が高燃焼（100％）－低燃焼（50％）－停止（0％）のボイラを使用していますが、蒸気使用量が少ないため低燃焼（50％）－停止（0％）を繰り返しています。ボイラは燃焼停止すると着火の前に炉内換気（プレパージ）を行うため、蒸気圧力の低下や炉内換気による熱の持ち去りなど、よいことがないと考え、ユーザで低燃焼の燃焼量を少なく調整して、発停を減らしました。

後日、メーカの点検があったため、調整を行ったことを伝えたところ、

元の燃焼量に戻されてしまいました。

❓ その原因は

ボイラはその燃焼量の制御に応じて缶水の水量（水位）の制御も変化させています。今回、燃焼量だけを少なくしていますので、燃焼量に適した水位ではなく、水管が異常過熱しました。

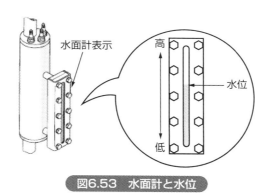

図6.53　水面計と水位

❗ その対処法

ボイラの発停回数を低減させたい場合は、複数台設置の場合なら台数制御設定や工場負荷に応じたボイラ運転台数の見直を検討します。

心得

> メーカの設定値を逸脱した調整は、ボイラ故障や重大事故の元となるので絶対に行ってはいけません。燃焼量だけを少なくした場合は、沸騰量が少なくなりますので、本来であれなボイラ水位を高くする必要があり、そのままの使用は水管が過熱側となり、最悪過熱によるパンクの可能性があります。

第7章

トラブルを未然に防ぐためのヒント

　トラブルを未然に防ぐには、日常の取り扱いと点検が欠かせません。ここでは、ボイラを運転するに際して実施してほしいボイラの取り扱い、点検についてまとめます。

7-1 取り扱い

7.1.1 安全運転についての一般的注意事項
① 日常の運転管理は、日常の点検項目あるいはメーカの取扱説明書に基づいて実施（**表7.1**）。
② 安全に使用するためには、正しい操作と定期的な保守が不可欠。メーカの取扱説明書に示されている、安全に関する注意事項をよく読み、十分理解したうえで運転ならびに保守を実施。
③ より徹底した機器の維持を行うため、場合によっては、メーカの保守契約制度を利用する。
④ 年に1度の定期自主検査を確実に行う。

7.1.2 運転開始前の注意事項
① 各計器類の点検を実施。
② 給水タンクに水があることを確認し、バルブ・コック類を開ける。
③ 燃料がある（圧力がある）ことを確認し、燃料のバルブを開ける。
④ 軟水装置や薬注装置は、塩や薬液が入っていることを確認。また、軟水チェックを実施。

7.1.3 運転開始の注意事項
① ボイラの操作盤電源、運転スイッチを入れる。
② ボイラの給水ポンプが作動し、設定水位で停止することを確認。
③ ボイラの燃焼スイッチを入れて、着火およびメイン燃焼状況を確認。

7.1.4 運転中の注意事項
① ボイラ水位が極端に変動していないか、規定値を外れていないか確認。
② 送風機や給水ポンプなど、各種駆動部の運転音に異常がないか確認。
③ 各種圧力計の指針が極端に触れていないか、規定値を外れていないか確認。

④ 主蒸気弁の開閉操作はゆっくり行うこと。急な操作は水位変動や蒸気配管のウォータハンマ発生が考えられます。
⑤ ボイラ運転圧力の高いときは缶底ブローを行わない（運転中は厳禁です）。
⑥ 缶底ブロー操作はメーカの指示どおりに行います。

7.1.5　停止後の処置

① 運転スイッチを切り、送風機が停止後電源スイッチを切る。
② 燃料バルブ、給水のバルブを閉とする。
③ 主蒸気弁をゆっくりと閉じる。

7-2　保　守

7.2.1　定期自主検査

（1）　定期自主検査の必要性

　ボイラおよび圧力容器安全規則第94条では、事業者は小型ボイラについて定期自主検査を行わなければならないことが規定されています。小型ボイラは使用が簡単できわめて安全な機械ですが、点検整備を怠ると不慮の事故を起こしかねません。ボイラの長寿命化をはかるためにも定期自主検査を実施し、点検整備を行う必要があります。

（2）　定期自主検査の点検項目

　定期自主検査の点検は、確実に実施するために定期自主検査レポートに沿って行い、機能の不良などの異常が発見された場合、直ちに補修を行い、ボイラの安全運転に努める必要があります（**表7.2**）。

7.2.2　ボイラの水管理

　小型貫流ボイラを長く使用するためには水管理の徹底が欠かせません。十分な知識を持って適正な水管理を行う必要があります。次に記載する項目については特に気をつけることが必要です。

① 原水分析を実施して水質性状、ボイラ構造・型式に適した水処理を実施する（水質は変化する場合があるので、そのつど分析を実施

② ボイラ水の分析を励行し、ボイラ水標準値（メーカ指示値）を維持。
③ ボイラ水のブロー量の管理を十分に行う必要がある。

7.2.3 休止保存

ボイラを休止する場合、内外面に腐食が発生しやすいので、休止中の保存方法についても十分検討を行う必要があります。

（1） 満水保存方法

ボイラ内面に薬品を添加したボイラ水を満水にして密閉する方法です。寒冷地など凍結の恐れがある地域では不適です。また、長期間休止より短期間休止に適しています。

（2） 乾燥保存方法

ボイラ水の水を完全に排出して乾燥状態として保存する方法です。長期間休止する場合に適しています。

表7.1　一般的な日常運転における点検項目の例[1]

	点検箇所	点検項目	毎日	4カ月	1年
ボイラ本体	全体的な注意事項	1. ボイラ本体全面の外観上の異常な汚れや変色の確認	○		
		2. ボイラ各部のフランジ、ユニオン、ウインドボックスなどの接続部や運転中の蒸気・水・燃料などの漏れ確認	○		
		3. 運転中の燃焼音ほか異常音の有無	○		
	蒸気圧力計	圧力計の動作確認	○		
	水面計	水面計ガラス汚れ確認	○		
	缶体検査穴	缶体内のスケール付着状態・スラッジ推積状態		○	
	ブロー	全ブローの実施	○		
燃焼系統	油バーナ関連	1. 保炎板の汚れ確認		○	
		2. スパークロッドの汚れ確認		○	
		3. フレームアイ保護ガラスの汚れ確認		○	
		4. ノズルの汚れ確認		○	
		5. 噴霧ポンプの運転状況（油圧力計確認）	○		
		6. オイルヒータの作動温度確認	○		

点検箇所		点検項目	毎日	4カ月	1年
燃焼系統	油バーナ関連	7. 送油管からの油漏れ確認	◯		
		8. オイルストレーナの詰まり確認			◯
		9. 排気筒からの煙確認	◯		
		10. オイルタンクドレン抜き		◯	
		11. 噴燃ポンプフィルタの掃除			◯
	ガスバーナ関係	1. パイロットガス点火の確認	◯		
		2. 配管中のガス漏れの確認			
		・コックの緩み		◯	
		・匂い	◯		
		3. ガスストレーナの詰まり確認			◯
給水系統	給水関係	1. 給水ストレーナの詰まりの確認		◯	
		2. 水位検出器の掃除		◯	
		3. 水面計の水位確認	◯		
		4. 給水ポンプ異常音の確認	◯		
		5. 水圧の確認(水圧力計の確認)	◯		
		6. 配管中の水漏れ確認	◯		
		7. 給水状況の確認	◯		
		8. 給水タンク内部の掃除		◯	
	連続ブロー関係	1. 連続ブローストレーナの詰まり確認		◯	
		2. 連続ブローセンサの掃除		◯	
	軟水装置関係	1. 軟水チェック	◯		
		2. 塩橋の発止状況、塩の補充	◯		
		3. ストレーナの詰まり確認		◯	
		4. 再生動作状況の確認		◯	
	薬注装置関係	1. 薬品の残量確認と補充	◯		
	その他	1. 水質の確認		◯	
その他	廃熱回収装置	1. 点検口からの異常有無の確認		◯	
	安全チェック	1. 電気配線の緩み確認		◯	
		2. 低水位遮断の確認		◯	
		3. 不着火遮断の確認		◯	
		4. 安全弁の漏れ確認			◯
		5. 圧力スイッチの作動確認		◯	
		6. ガス漏れ検出装置の作動確認		◯	
	その他	1. ボイラ室の換気確認	◯		

 この表は、一般的な点検周期を示しているもので、燃料油の種類や水質条件などが悪い場合には各点検、掃除の回数を増やす。
 また、詳細についてはそれぞれのメーカの指導に従うこと。

1) 出典:「小型貫流ボイラーのてびき」公益社団法人 日本小型貫流ボイラー協会

第7章

表7.2 定期自主検査レポートの例[1]

定期自主検査レポート

ボイラ機種		ボイラ機番		試運転日	年 月 日
薬注装置型式		薬 品 名		軟水装置型式	
点 検 日	年 月 日	点検回数	回目	実施機関名	
				実施者名	

〈判定〉○：正常、△：処理済、×：未処理、／：該当なし

	点検項目	判定		点検項目	判定
本体	ガス漏れの状況		燃料	オイルストレーナの掃除	
	蒸気・水漏れの状況			オイルタンクドレン抜き	
	燃料（油又はガス）漏れの状況				
送風機	ベルトの緩みチェック		廃熱回収装置	点検孔からの汚れの確認	
	異常音の発生状況				
バーナ	プラグキャップの緩み		安全チェック		
	着火装置の汚れ			低水位遮断確認	
	トランス端子の緩み			不着火遮断確認	
	炎検出器の汚損、焼損状況			安全弁の漏れ	
	燃焼時の発煙の有無			圧力スイッチの作動確認	
給水	給水ストレーナの掃除			ガス漏れ検出装置の作動確認	
	水位検出器の掃除			感震装置の作動確認	
	水面計の水位確認		軟水装置	軟水チェック	
	給水ポンプ異常音の有無			塩橋の発生状況、塩の補充	
連続ブロー	連続ブローストレーナの掃除			ストレーナの掃除	
	連続ブローセンサの掃除		薬注装置	薬品の残量確認と補充	

所感欄：

---

1) 出典：「小型貫流ボイラーのてびき」公益社団法人 日本小型貫流ボイラー協会

第8章

ボイラの安全とリスク対策

　ボイラは燃料の燃焼により加圧蒸気や熱水を得る装置です。ボイラの安全・リスク管理の視点では、燃料に起因するもの、設備の設計・製作に起因するもの、ボイラの操作に起因するもの、ボイラ水の供給や水処理、ボイラ停止中の保全などが重要な管理項目です。

　燃料の不適切な取り扱いによる火災・爆発、圧力の高い水管の破裂は大きな事故につながります。ここでは、ボイラの安全確保とリスク対策について述べます。

8-1 ボイラ安全運転の重要性

　本章では、ボイラに関する安全確保とリスク管理について、いかにボイラを安全に運転するか、ボイラに関するリスク管理のポイントは、どこにあるか、事故発生防止のための設備管理、運転管理のポイントについて学ぶことを目的とします。

　ボイラは燃料の燃焼や電熱により高圧蒸気や熱水を製造します。ここで注意すべき点は、可燃物である燃料の安全な取り扱いや燃焼室での燃焼管理がまず挙げられます。通常の小型貫流ボイラでは燃料は都市ガスやLPGなどのガスまたはA重油や灯油などであり、大型ボイラのような脱硫・脱硝設備は設置されてないのが通例であり、排ガス処理に関する大きな問題はありません。

　一方、加熱されるボイラ水は加熱状況により高圧になる恐れがあり、温度管理や圧力管理には細心の注意が必要です。また、ボイラ水の水質悪化による蒸気管内に発生するスケールにより、思わぬ事故につながることもあります。

　ボイラの運転のどこに危険が潜んでいるかを考え、適切に点検や運転管理を行う必要があります。したがって、一定の規模以上のボイラについては、万一の場合重大な事故につながるので、運転にあたっては各種ボイラ技師などの免許取得が義務付けられています。

　ボイラは、一歩間違うと大きな事故につながるとの認識を持って取り扱いましょう。

8-2 安全とリスク管理

　ボイラにおける安全とはなんだろうか。
　安全とは、受け入れ不可能なリスクがないこと、と定義されています（ISO/IECガイド51による）。

ここで受け入れ不可能なリスクとは何か、考えてみましょう。

一般にリスクは次のように定義されます。

リスク＝危険の大きさ×危険の発生の可能性

したがって、リスクを評価するにあたっては危険の大きさ、つまり事故が起きたときどれぐらいの被害が生ずるか、と危険の発生の可能性、つまり、いかに発生の可能性を低減するかを考慮しなければなりません。しかし、人間は神ではないので、リスクをゼロにすることは不可能です。したがって、万一の場合、事故の被害規模の把握と縮小とともに、日々の設備管理、運転管理・運転者の教育により発生の可能性を低減させることにより、リスクを許容可能なレベルまで下げて、ボイラを運転しなければなりません。

寺田寅彦の有名な言葉に「天災は忘れたころにやってくる」がありますがボイラの事故も同じです。想定外という言葉が近年よく使われますが、事故の発生はいつでも想定外です。彼のもうひとつ重要な言葉が「ものをこわがらな過ぎたり、こわがり過ぎたりするのはやさしいが、正当にこわがることはなかなかむずかしい」です。われわれはボイラに内在する危険要因を真摯に受け止める必要があります。

8-3 ボイラに内在する危険源

ボイラは熱源により水を加熱し、蒸気または高温の水を得る設備です。

内在する危険源は熱源および高温・高圧の蒸気、または熱水であることは容易に想像できます。したがって、ボイラに関するリスク低減のためにはそれぞれの要因ごとの対策、組み合わせによるリスク、および人間の活動に起因するリスク、それぞれに対する検討が必要です。

8.3.1 熱源に起因するリスク

熱源に起因するリスクとしては下記が想定されます。

① 燃料油の場合

燃料油の受け入れタンク、受け入れ配管、ボイラまでの供給配管が

適切に設置されているか、消防法その他の適用法規を満たしているか、配管やタンクから燃料油の漏れがないか、燃料油に水の混入はないか、タンクの液面指示などの計装装置などは正常に機能しているか、移送ポンプは正常に運転しているか、などが事故防止のための点検項目です。

なお、寒冷地においては、冬季の燃料油の粘度上昇、混入した水分の凍結などへの配慮も必要です。加えて、燃料油が何らかの理由で漏洩した場合は、火災の危険性のほか、水質汚染や土壌汚染につながることも忘れてはいけません。

② ガス燃料の場合

ガス燃料は配管による受け入れ、またはLPGのように容器による受け入れが想定されます。ガス燃料の大量漏洩を起こしてはならないのは当然ですが、少量の場合は直ちに検出できません。特にLPGガスの場合は、比重が空気より重いため低い場所に停滞し、何らかの着火源により火災・爆発にいたる危険性があります。

この他、燃料油に準じた管理・点検が必要です。

③ 電熱の場合

燃料油に比べて管理や制御も容易ですが、絶縁部の劣化、配線の劣化による発熱や感電などへの注意が必要です。

④ その他

燃料油の場合は、着火用の種火としてガスを使用する例が通常です。燃料ガスもほぼ同様です。これらの燃料がボイラの炉内に漏洩しているケースは少なくありません。ボイラスタート時に炉内に爆鳴気が形成されていると、着火時に炉内での爆発や作業者の手元への逆火となります。

漏洩の有無の点検やスタート時の十分な空気置換を忘れてはいけません。

8.3.2 熱水、蒸気によるリスク

ボイラにおいて水処理が不適切であったことによる事故はよく知られています。不適切な水質管理により、配管にスケール発生や配管の腐食を起こしてはいけないのは当然です。ここで注意しなければならないの

は、ボイラの水管内では熱水と蒸気が混層状態で流動していることです。これによるウォータハンマ、ベンド部やオリフィス下流の摩耗とこれによる配管の肉厚減少による破裂事故はよく知られています。この他、配管の熱による伸縮、常温の配管に蒸気を流し始める際のハンマリングも配管破損につながります。蒸気は冷却により水に戻るので、凝縮水の排出や配管の断熱にも十分な配慮が必要です。

一方、高圧水は内在するエネルギーが大きく、万一漏洩・噴出した場合は、蒸気の発生とともに熱水が急激に噴出するので注意が必要です。これによる熱傷で、大事故になった例も多々あります。加えて水は寒冷時には凍結することも忘れてはなりません。

8.3.3 組み合わせによるリスク

ボイラは燃料が適切に供給燃焼され、水管内をボイラ水が供給蒸発することでその機能が発揮されます。この組み合わせが崩れたときは、事故につながります。これを防ぐため各種のインターロックなどの制御設備が設置されており、ボイラ管理者はこの機能が適切に作動していることを確認しなければなりません。

事故の例としてはボイラの空焚きがよく知られています。

8.3.4 その他人間の活動によるリスク

ボイラ設備の制御システムが進歩しても、最後は人間により点検、整備、日常管理が行われなければなりません。ボイラ管理者や作業者本人の行動に起因する労災、ヒューマンエラーによる操作ミスや計器の確認ミスをゼロにすることは不可能です。

人間に起因する災害の事例としてはハインリッヒの法則がよく知られています。これは1件の重大災害の下には29件の軽微災害があり、その下にはさらに300件のヒヤリハットが隠れています（**図8.1**）。

事故災害防止のためには、300件のヒヤリハットに遡って、1件ずつ対策を進めていかなければならないとする考え方です。

この活動がHH（ヒヤリハット提出活動）やKY（危険予知活動）であり、各社の安全衛生活動の基本となっています。

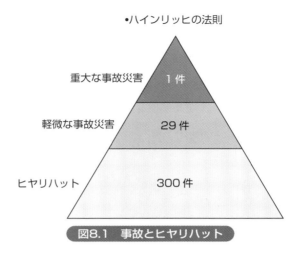

図8.1　事故とヒヤリハット

　この他、人間の動きに対応しての行動災害防止としての安全通路の整備、危険箇所の標識、5S（整理、整頓、清掃、清潔、躾）などの活動も必要です。
　加えて、人間はエラーをする動物であるとして、このエラーを少しでも減らすために指差し呼称活動も広く導入されています。

　小型貫流ボイラは規模も小さく、ボイラ技術士の免許も不要であり、平易に着火運転と停止ができるので近年広く使われています。
　しかし、小型といってもボイラとしてのリスクは内在しており、その危険性を十分認識して取り扱わなければなりません。

第9章

省エネ診断の視点と実効のあげ方

　省エネ診断は、むずかしい計算をせずにできます。本章の「ボイラの省エネ診断着眼項目」に沿って現状の確認をします。次に投資を伴う項目は専門業者やメーカを巻き込んで、具体的行動計画を立てます。そして実行し、対策前後の消費エネルギーの実績値から効果の確認をします。さらにこれをベースに改善を継続的に繰り返していくことで、実効のあがる省エネが実現します。

第 9 章

9-1 すぐに役立つ省エネへの取り組み方とは

　エネルギー使用設備機器において、運用方法も含めて現状の問題点の抽出と対策の提案をするのが省エネ診断です。本書ではボイラを実際に取り扱う現場の立場で、どのように省エネに取り組むべきかという視点で、やさしく実施しやすく、すぐに役立つやり方を紹介します。

　本書ですすめる簡単な使い方は以下のようです。

① 9.3.2で述べる「ボイラの省エネ診断着眼項目」に沿って現場の確認をする
② 金のかからない（運用改善）項目には、原則全部取り組む
③ 金のかかる（投資改善）項目は、専門業者に見積もり依頼の際に省エネ効果の試算も一緒に依頼する
④ 投資判断をし、効果の大きい項目を優先し実施する
⑤ 前年同月の比較でエネルギー消費量の削減効果を数値でつかみ、原単位評価*する
⑥ 継続的な改善を続ける

　この後は、少していねいに本書の使い方を紹介していきますが、基本は上記と同じです。どんな形でも、どこからでも、やりやすいところから取り組んでみて、成果の確認までできると面白くなってくると思います。レベル高く取り組んでいる現場でも、さらっと目をとおして参考にしていただければ幸いです。

9-2 実効のあがる省エネ活動と実施の流れ

　ボイラを取り扱う現場での省エネ診断はむずかしい計算をせずにできます。本章の「ボイラの省エネ診断着眼項目」に沿って現状の確認をし

（＊）原単位評価：「9.3.4　実施後の結果調査と効果の確認・評価」に説明があります。

ます。＜事例＞の中の［**条件**］と［**見込み削減量**］を見て、現在の現場の条件から、年間燃料使用量や燃料単価、主な条件などを見比べます。そしてザックリ大雑把に見込み削減量の見当をつけます。この段階では細かな計算は不要です。そしてやるべきことである**対策**を整理します。

つぎに専門業者やメーカを巻き込んで見積書と同時に投資効果の試算も依頼します。その結果を踏まえて具体的な［**業務計画**］を作成します。そして優先順位をつけて、それに沿って［**実行**］していきます。つぎに、計画に沿って実施できているかどうかを［**確認・評価**］します。その結果、実施が計画に沿っていない部分を［**改善**］処理します。継続的にさらなる省エネ改善を目指してこの流れを繰り返していくことで、実効のあがる省エネが実現できます。

省エネ活動は職場全体で実施すべきものですが、各職場、各部門でも同じ考え方で組織的運営をし、その積み上げが全体活動になります。

ここでは、ボイラを取り扱う現場での省エネ活動の実施の流れを下記に示します（**図9.1**）。

この流れを整理すると以下のようです。

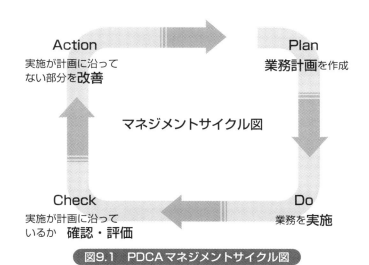

図9.1　PDCAマネジメントサイクル図

① 事前調査による現状の把握（Plan）
② 次事項の「**ボイラの省エネ診断着眼項目**」を参考に業務計画を作成（Plan）
③ 対応の優先順位決定と業務の実施（Do）
④ 実施が計画に沿っているかを確認・評価（Check）
⑤ 業務が計画に沿ってない部分の改善（Action）
⑥ 上記PDCAを廻し、継続的な改善の実施

今やマネジメントの基本と言われるPDCAを廻すという考え方を、外部の認証の有無にかかわらずここでも業務の運営に取り入れることで、より効果があがるはずです。

9-3 省エネ活動の実施

9.3.1 事前調査による現状の把握

まず前年度のエネルギー使用量の把握（可能であれば過去数年分）とボイラに関する調査を実施します。

具体的には、対象ボイラの仕様、蒸気の主な使用目的と使用装置・設備、蒸気のダクト系統図、生産工程図、レイアウト図、距離など。

❶ **使用状況**：燃料と電気と水の使用量（日負荷変動、月間、年間）
❷ **エネルギー使用および供給設備の状況**：対象ボイラの仕様、設置台数と時期、運転状況（作業日報など）、指標（圧力、温度など）、蒸気使用設備ごとの使用量と使用条件
❸ **管理状態**：管理体制（管理標準があり、それに沿って運用がなされているか、具体的には、運転管理日報・月報、点検記録・測定、実施しているかどうかを以下の視点で、見直し、改善提案に生かします）、保守管理、計測記録、過去の省エネなどの実施状況、そして省エネ目標設定などの有無も確認します。

> **ポイント**
>
> ☆上記項目を参考にして無理をせずできるものをまず集めます。
> ☆第一種・第二種指定工場では法令により必須ですが、それ以外では管理標準のないケースも多々見られます。ないところは、簡単なものでも用意しておくことをすすめます（章末に経済産業省が紹介している「蒸気ボイラー」管理標準（例）（**表9.6**参照）を掲載）。判断基準の要約版「告示第66号（基準部分からの抜粋）」もWEB公開されていますので併せて使用することが可能）。時間をかけて自社向けに改定していけば使い勝手のよいものになります。
> ☆過去のデータを絶対量だけでなく、生産量やエネルギーコストなどエネルギー使用量と密接な関係を持つ情報の収集も必要です。

9.3.2 「ボイラの省エネ診断着眼項目」での調査と業務計画（Plan）

　事前情報を踏まえ、現地で以下の「**ボイラの省エネ診断着眼項目**」を中心に現場を調査して、各着眼項目の事例の数値も参考にして、情報収集と省エネ対策の業務計画を作成します。このときエネルギーの年間削減目標がなければ新たに計画に織り込みます。省エネ診断では通常大きく2種類に分けて考えます。1つはお金のかからない「運用改善」、そしてもう1つはお金のかかる「投資改善」です。

　現場にて全員が専門家並みの省エネ診断ができるようになる必要はありません。しかし、ボイラメーカや専門機関の点検結果などを受け取り、ただファイルしているだけという多くの現場があるのも事実です。一般的に省エネの着想と言っても簡単ではありません。そこで以下に示す「**ボイラの省エネ診断着眼項目**」に沿って、現場の状況を確認していきます。

　専門家も以下に挙げるような項目を中心に確認します。運用改善項目は費用がかからないので、できていないものは全項目実施を原則とすべきです。投資改善の項目は専門業者やメーカから見積もりを取り寄せることになりますので、通常そのとき省エネ効果の数値的評価も依頼することができます。これをきっかけに詳しい計算法にも興味が湧くようでしたら、次のステップとして、専門書や専門機関のセミナー、あるいは専門業者やメーカの説明などで勉強するのがよいでしょう。

ボイラの省エネ診断着眼項目

省エネは、改善点を見つけて実施すればそのまま純利益につながります。

宝さがしのようなものです。そのヒントを以下に紹介します。

Ⅰ：運用改善で対応する着眼項目

> **（1）運転時間対策**
>
> 　最も優れた省エネは機器・装置を運転しないことです。現在ボイラを運転している時間が必要最小限であるかどうかを確認し、最適化します。

事前調査、内容整理の結果、現状の必要蒸気供給時間などから解析し、可能な時間短縮を実施します。

〈事　例〉
- **運転時間の短縮余地をしっかり検討**

　〔着眼点〕　少しなら運転時間短縮余地があると考えらえること。

　〔確　認〕　運転記録を付けて、時間削減の実行確認を行います。

　〔条　件〕　同じ仕様のボイラ5台、合計A重油消費量112 kL/年、単価89.3円/L

　　　　（対策1）一日10時間運転のボイラの運転開始を5分遅らせ、終了を5分早めたとするとき

　〔見込み削減量1〕　年間およそA重油1.9 kL、費用170千円、5.1 t-CO_2

　　　　（対策2）5台のボイラのうち1台だけ半日（5時間）止めることができたとするとき

　〔見込み削減量2〕　年間およそA重油11.2 kL、費用1,000千円、30 t-CO_2

> **ポイント**
>
> この事例での効果はあまり大きくはありませんが、意外と見落としている大きなむだ時間があるかもしれません。ていねいな見直しをすすめます。最適値をつかみ、管理標準に落とし込んで長期にわたってしっかり管理すると有効です。

> **(2) 負荷の平準化対策Ⅰ（運用改善）**
>
> 目的とする必要蒸気量と供給可能な蒸気量、運転時の設備の稼働率を時間軸も含めて調べ、まずは現有設備としての供給体制を見直し、ボイラにとって効率のよい運転体制に組み直します。

ボイラの性能を高めるには、新設や更新の際にできるだけ高効率なものを選定しておくことが大切です。蒸気の使用量が少なくなり、間欠運転状態になると効率は急激に低下してしまいます。小型ボイラの多缶設置による台数制御や、燃焼状態をきめ細かく制御する高度な運転方法などは、実際の運転効率を高く保つための取組みとして近年多くみられるようになっています。

● 台数制御

複数台のボイラが使われているとき、使用側の流量変化に合わせて運転台数を制御して運転効率を高める方法のことを、台数制御といいます。台数が少ない場合や、小容量のボイラではある程度までは人手で対応できます（運用改善）が、自動制御する方法（投資改善）もあります。ボイラ設置時に比べ蒸気の使用量（工場の生産量など）が変化している場合があります。このような点を見逃していないかをチェックし、ボイラの運転方法にフィードバックします。

この点も含めて「(13) 負荷の平準化対策Ⅱ（投資改善）」でも説明しています。

〈事 例〉

● **台数制御運転でボイラ効率の向上**

〔**着眼点**〕 実際の運転は、4台設置されているボイラ設備能力の

25％くらいで運転されているので効率が低下している状態。
〔対　策〕　4台中3台止めて、1台だけの運転をする。
〔確　認〕　運転効率の改善状態を確認。
〔条　件〕　A重油消費量56 kL/年、単価89.3 円/L、ボイラ効率85％（仕様）、25％の運転率のときのボイラ効率は約70％。
燃料削減量〔kL/年〕＝現状燃料使用量〔kL/年〕
　　　　　　　　　　×（1－現状効率÷更新後効率）
〔見込み削減量〕　年間およそA重油9.8 kL、費用880千円、27 t-CO_2

> **ポイント**
> 　実際は一年中25％の負荷ではないかもしれません。効率も仕様書どおりではないこともあります。あくまでも考え方としてとらえます。実際には4台を順次取り替えて運転し、いつでも使える状態にしておきます。将来的にも使用見込みのないときは一部の廃棄手続きも経営的には必要になります。

(3) 空気比対策
燃料燃焼の際、ボイラの燃料と空気の比の最適化を図ります。

　燃料を燃やすには空気中の酸素が必要です。最少の燃焼に必要な空気量を理論空気量といい、燃料の発熱量から計算で求めることができます。実際に必要な空気量は理論空気量だけで、完全燃焼させるのは無理なので、少し余分の空気を供給することになります。この余分な空気量と理論空気量の比を空気比といいます。ボイラ空気比は省エネ法の工場等判断基準に規定されているので指定工場では守ることが義務付けられています。
　法的義務の有無にかかわらず、空気比をボイラの適正値に調整することで、安全に、かつ経済的に維持管理することができるので実施は効果も大きく有利です。過剰な空気で燃焼させると完全燃焼はしますが、空

気には酸素以外約79％の窒素が含まれています。そのため過剰な酸素量に加えてその4倍の窒素分まで、むだに温めて排ガスにしていることになりますので、大きなむだになります。

〔手　順〕

① 排ガス中の酸素濃度を調べます。

　通常は点検の際の記録があります。

② 点検後に、調整はされているはずですが、空気比を計算し、

基準空気比 ＝ 21 ÷（21 － 酸素濃度〔％〕）

表9.1　ボイラに関する基準空気比

区分		負荷率(単位:%)	基準空気比				
			固体燃料		液体燃料	気体燃料	高炉ガスその他の副生ガス
			固定床	流動床			
電気事業用(注1)		75〜100	－	－	1.05〜1.2	1.05〜1.1	1.2
一般用ボイラー(注2)	蒸発量が毎時30トン以上のもの	50〜100	1.3〜1.45	1.2〜1.45	1.1〜1.25	1.1〜1.2	1.2〜1.3
	蒸発量が毎時10トン以上30トン未満のもの	50〜100	1.3〜1.45	1.2〜1.45	1.15〜1.3	1.15〜1.3	－
	蒸発量が毎時5トン以上10トン未満のもの	50〜100	－	－	1.2〜1.3	1.2〜1.3	－
	蒸発量が毎時5トン未満のもの	50〜100	－	－	1.2〜1.3	1.2〜1.3	－
小型貫流ボイラー(注3)		100	－	－	1.3〜1.45	1.25〜1.4	－

（注1）「電気事業用」とは、電気事業者（電気事業法第2条第1項10号に規定する電気事業者をいう。以下同じ。）が、発電のために設置するものをいう。

（注2）「一般用ボイラー」とは、労働安全衛生法施行令第1条第3号に規定するボイラーのうち、同施行令第1条第4号に規定する小型ボイラーを除いたものをいう。

（注3）「小型貫流ボイラー」とは、労働安全衛生法施行令第1条第4号ホに規定する小型ボイラーのうち、大気汚染防止法施行令別表第1（第2条関係）第1項に規定するボイラーに該当するものをいう。

（出典：「省エネ法判断基準」、「資源エネルギー庁のHP」）

範囲外であったら原因を調査し対策を立てる必要があります。バーナの調整で改善されることが多くあります。範囲内であっても、可能な範囲で空気を絞ると省エネ効果は得られます。装置の個性も多少ありますので現場に合った条件を見出して運転することが望まれます。専門業者に点検・調整を依頼しているケースが多くあります。そのときも上記の点を確認したうえで報告を受け取ることが大切です。専門業者に丸投げでなく、数値をしっかり自分のものとしてとらえた活動の一例です。

〈事　例〉
● 空気比の調整
〔着眼点〕　排ガス中の酸素濃度が高いのでエネルギーロスが大きい。
〔対　策〕　バーナの調整やメンテナンスも含め燃焼運転時の管理を見直します。必要に応じて専門業者に調整を依頼します。
〔確　認〕　排ガス中の酸素濃度をチェックし、空気比を確認。
〔条　件〕　現状の燃料使用量が770 kL/年、A重油単価が89.3 円/L、排ガス温度400 ℃、空気比1.6⇒1.3に修正したとき、燃料低減率は約4.7 %。
〔見込み削減量〕　年間およそA重油36 kL、費用3,200 千円、98 t-CO_2

> ポイント
> ・空気比の改善は効果が大きいので重点チェック項目とすべきです。
> ・経験値より空気比0.1の調整で0.8〜1.5 %程度の燃料が削減されるといわれています。

(4) 蒸気圧力適正化対策
　蒸気圧力は低いほど有効な潜熱は大きいので、蒸気を加熱源として使うときはできるだけ低圧で使用します。

単に使用温度の低下ととらえてもよいでしょう。ただし、蒸気圧力を

下げ過ぎて、蒸気のキャリーオーバのない範囲を検討したうえでの運転が必要です。ボイラの使用圧力の範囲で運転してください。

> 〈事 例〉
> ● **蒸気使用圧（温度）の低下**
> 〔**着眼点**〕 食料品容器の滅菌が蒸気温度144℃ 0.3 MPa（絶対圧力0.4 MPa）の条件でしたが、設定温度をおよそ10℃下げる余地に着眼。
> 〔**対 策**〕 134℃ 0.2 MPa（絶対圧力0.3 MPa）まで下げます。
> 〔**確 認**〕 同一工程条件にて滅菌効果が十分かどうかを確認。
> 〔**条 件**〕 熱量計算より省エネ率2.1％、A重油消費量が200 kL/年、単価89.3 円/L。
> 〔**見込み削減量**〕 年間およそ燃料4.2 kL、費用380 千円、11 t-CO_2

（0.4MPa-absは絶対圧力を意味します。）

ポイント
普段なにげなく、むだに高い温度のまま使い続けていないかといった視点で見直すことが大切です。

（5）ボイラ水ブロー対策
ブローのやり方が、適性であるかどうかを確認します。

（a）水管理
水管理は、水中に含まれる硬度分（$CaCO_3$や$CaSO_4$など）の濃縮によるスケール発生や腐食を防ぐことを目的に実施するものです。

（b）ブロー管理
ボイラ水の蒸発によって次第に不純物が濃縮されて障害が起こるのを防ぐことを目的としているもので、ボイラに設けられた吹き出し口からときどき吹き出し（ブロー）給水し濃度を下げることを実施します。

一般的にはボイラ水の電気伝導率を測定して、その許容濃度と給水する水の性質によってメーカの管理基準値に合うようにブローが行われます。一般的にブロー率は5〜10％とされています。その量が多すぎると熱損になります。ボイラ水の水質基準を満たすことを前提にブロー量の削減に努めます。これらが適正に実施されているかどうかを確認します。

> 〈事　例〉
> ● **ブロー量の調整**
> 〔着眼点〕　水質分析記録から電気伝導率がJIS基準（400 mS/m）に比べて低いのでブロー水量を減らすことができます。
> 〔対　策〕　電気伝導率380 mS/mを目安にブロー量を調整します。
> 〔確　認〕　電気伝導率の測定。
> 〔条　件〕　給水温度40 ℃、蒸気圧力（ゲージ）0.7 MPa、給水の電気伝導率〔19 mS/m〕、現状濃縮倍率〔238 mS/m〕を380 mS/mに調整、ボイラ効率85 ％、現状の燃料使用量が1,090 kL/年、A重油単価89.3 円/L、熱量計算によりブロー熱損失率は0.6 ％改善。
> 〔見込み削減量〕　A重油6.5 kL、費用580 千円、18 t-CO_2

（mS/m=ミリジーメンス/メートル）

> **ポイント**
>
> ボイラへの給水は水質に関する管理標準を設定し、水質の管理を行います。給水水質の管理は日本工業規格B 8223「ボイラの給水及びボイラ水の水質」に規定されています（章末に記載。表9.4、表9.5）。
> 缶水ブロー1 ％当たり0.2〜0.3 ％の省エネといわれています。

Ⅱ：投資改善で対応する着眼項目

> **(6) 保温対策（ボイラ本体、配管、バルブなど）**
> 　蒸気配管の金属部の外気への露出部分、保温の傷んだ部分の修理は確実に実施します（図9.2、図9.3参照）。

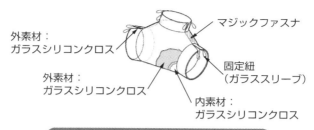

図9.2　バルブ保温ジャケットの構造図

図9.3　バルブ保温ジャケット使用状況

　配管の末端やフランジ、バルブ部分の保温がされてないことが多く見られます。保温されていても不十分なこともあります。

　非接触型温度計を用いると簡単に表面温度は実測できます。保温実施および強化は効率のよい投資で、通常投資回収年数＊もきわめて短いので、少しでも早い実施を推奨します。

　蒸気や温水など使用目的の加熱流体を通す配管は、保温しなければ、配管の表面から放熱し流体温度が低下するので、燃料損失となります。図9.3はバルブ部分の保温の具体例です。**図9.4**は保温前後の表面温度の比較写真です。放熱量は保温厚さとともに変化します。

　以下に計算事例を示します（某メーカ資料より）。

＊投資回収年数：第10章10.3に詳しく説明

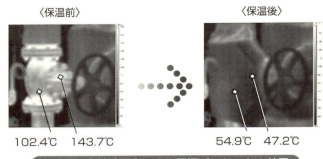

図9.4 赤外線写真による保温ジャケットの効果

〈事 例〉
● 蒸気バルブの保温
〔着眼点〕 蒸気バルブの保温がされてない状態でした。
〔対 策〕 保温工事の実施。
〔確 認〕 表面温度の測定。
〔条 件〕 蒸気温度151℃（0.49 MPa）、室内温度30℃、
年間稼働時間 8,640 h（24 h×360日）、
A重油費（単価）89.3 円/L。
〔見込み削減量〕 グローブバルブ（JIS10K）
1個当たりの省エネコスト算出
50A用：16,000円/年、100A用：32,000円/年、
150A用：47,000円/年。

ポイント

① 配管付きバルブやフランジ部も同時に保温すること。意外にできてないことがあります。バルブやフランジは表面積が大きいので保温の効果も大きくなります。
② 保温厚さは、厚ければよいというものでもありません。「経済的保温厚さ」の検討も必要です。専門業者に検討依頼でよいと思います。
③ 屋外配管の場合は保温材を保護材などで覆い、防水することが必要になります。

保温材が雨水に濡れると、保温の効果が低下します。点検時にこの点も確認しておく必要があります。

(7) 蒸気の漏れ対策

蒸気配管やフランジ部のパッキンの痛みによる、蒸気の漏れが見られることがあります。早めの対処が望まれます。

漏れる蒸気は単なる蒸気量の損失以外にも、さらなる保温部分の破壊や配管のさびを進め、外から保温材を濡らすことによる放熱にもつながります。目で見てわかるので、発見しやすいのも特徴です。

〈事 例〉

● 蒸気漏れへの対処

〔着眼点〕 蒸気漏れが見られる。

〔対 策〕 対策工事の実施をします。

〔確 認〕 工事後に蒸気漏れが止まったかどうか目視確認。

〔条 件〕 2mmφの穴から蒸気圧0.7 MPa(絶対圧力0.8 MPa)の蒸気漏れ時、年間8,000時間、A重油単価89.3円/L。

蒸気漏洩量〔kg/h〕= [小穴の径〔mm〕]^2 × 4.0〔定数〕 × 蒸気の絶対圧〔MPa〕

〔見込み削減量〕 年間およそA重油8.2 kL、費用730千円、22 t-CO_2

ポイント

圧力が低く穴径が小さい場合は、上記近似式で概算できます。定数は経験値です。

(8) 排ガス温度対策Ⅰ　伝熱面の整備・清掃

排ガス温度が、適正温度であるかどうか確認し、異常があれば、その原因を調査し、対策を立てます。

燃焼炉出口のガス温度のことを排ガス温度といいます。空気比と同じように省エネ法の工場等判断基準にて排ガス温度が規定されています(**表9.2**)。廃熱回収を行うことはむだ削減に有効でかつ重要なためです。点検結果があるときは、それを確認します。ないときは実測します。

表9.2　排ガス温度の基準　（省エネ法　判断基準より）

区　分	基準廃ガス温度（単位：℃）				
	固体燃料		液体燃料	気体燃料	
	固定床	流動床			高炉ガスその他の副生ガス
電気事業用(注1)	－	－	145	110	200
一般用ボイラー(注2) 蒸発量が毎時30トン以上のもの	200	200	200	170	200
蒸発量が毎時10トン以上30トン未満のもの	250	200	200	170	－
蒸発量が毎時5トン以上10トン未満のもの	－	－	220	200	－
蒸発量が毎時5トン未満のもの	－	－	250	220	－
小型貫流ボイラー(注3)	－	－	250	220	－

（注1）「電気事業用」とは、電気事業者が、発電のために設置するものをいう。
（注2）「一般用ボイラー」とは、労働安全衛生法施行令第1条第3号に規定するボイラーのうち、同施行令第1条第4号に規定する小型ボイラーを除いたものをいう。
（注3）「小型貫流ボイラー」とは、労働安全衛生法施行令第1条第4号ホに規定する小型ボイラーのうち、大気汚染防止法施行令別表第1（第2条関係）第1項に規定するボイラーに該当するものをいう。

新設当時問題なかったボイラの排熱温度が高くなっているときは、伝熱部分の汚れが原因になっていることがあります。

〈事　例〉

● 排ガス温度対策

〔着眼点〕 Ａ重油使用ボイラの廃ガス温度が、運転記録から上昇傾向にあり省エネ法規制値を超えて高すぎていることが判明。

〔対　策〕 ボイラ内部の燃焼ガスとの熱交換部表面の清掃を行います。

〔確　認〕 対策後に排ガス温度を確認。

〔条　件〕 270 ℃を250 ℃まで下げることができたとき。Ａ重油消費量が300 kL/年、単価89.3 円/L、ボイラ効率90 %、空気比1.3

〔見込み削減量〕 年間およそＡ重油3kL、費用270千円、8.1t-CO_2

ポイント

一般的には排ガス10 ℃当たり0.5〜0.8 %の燃料費が削減できるといわれています。

（9）排ガス温度対策 Ⅱ

エコノマイザの設置を検討する。

ボイラの最大の熱損失は排ガスの熱です。この熱を給水の余熱に使う装置をエコノマイザといいます。また、同じように排ガスの熱を燃焼に使う空気の余熱に使うと、炉内温度を有効に高めることができ、どちらもボイラ効率の向上効果があります。このような設備が当初から装備されている場合とそうでない場合があります。

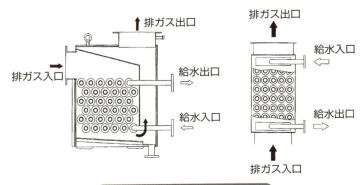

図9.5 エコノマイザ構造説明

〈事例〉

● 排ガス熱回収設備の導入

〔着眼点〕 排ガス温度が基準値を大幅に超えていることが運転記録から判明し、廃熱回収設備の導入の可能性を提案。

〔対 策〕 メーカに相談したところエコノマイザの後付けが可能であるとのことで、新たに導入を行う。

〔確 認〕 対策前後にエコノマイザの入口と出口で廃ガス温度を確認。

〔条 件〕 A重油消費量が630 kL/年、単価89.3 円/L、ボイラ効率90 %、1日11時間運転、A重油使用量3,480 L/日、乾き排ガス量1,720 m^3N/h、排ガス温度を50 ℃〔K〕ほど下げることができたとき。熱量計算より2.1%削減。

〔見込み削減量〕 年間およそA重油73.7 kL、費用1,200 千円、36 t-CO_2

ポイント

ボイラへのエコノマイザは初めから装備されているものと、そうでないものがあり、後付けができない場合もあるので、メーカへの確認が必要です。

エコノマイザによる排ガス熱回収では、10℃当たり0.4～0.8％の省エネになるといわれています。正確ではありませんが、ザックリ見当をつけるときには参考になります。細かいことにとらわれ過ぎて、大きな見落としをすることがあります。計算結果の桁違いを確認することなどにも使えるはずです。

> **(10) ドレン回収対策 I**
> 　加熱に使った蒸気は凝縮飽和ドレンになります。残っている熱を有効に使うことが大切です。さらに水資源も含めて有効活用できているか、改善の余地はないのかという視点で現場を確認します。

蒸気が使用先で放熱後凝縮したものをドレン、または復水といいます。ドレンは純粋な熱をもった水なので通常給水に使います。しかし配管内をとおるため鉄分を多く含むことや、工場の製造工程で不純物が含まれることがあるので、溶解成分や混入物を調査する必要があります。特に食品工場や病院関係は注意が必要です。その他、圧力を持った飽和水なので圧力を解放すると低圧蒸気（フラッシュ蒸気）が得られるので、それを有効に使うことができます。このような視点で現場を見直し対策を立てます。

〈事　例〉

● **ドレン回収**

〔着眼点〕　未利用ドレンの有効活用。

〔対　策〕　配管を改修してドレン回収を実施します。

〔確　認〕　ドレンの品質が十分であるかどうか確認。

〔条　件〕　未利用ドレン量204 t/年、蒸気圧力0.6 MPa、ドレン回収温度90℃、給水温度20℃、ボイラ効率80％、回収安全率90％、A重油単価89.3円/L、水道料金0.8円/L（含下水処理費）。

〔見込み削減量〕　年間およそA重油1.8 kL、上水200 t、費用330千円、5.0 t-CO_2

第9章

> **ポイント**
>
> 回収可能なドレンがむだに捨てられてないか、簡単な処理でドレン回収が可能になる方法はないかなど、専門業者に相談してみます。たとえば、金型の蒸気加熱の際には鉄さびが発生しやすいために、ドレン回収をあきらめていることがありますが、金型掃除と防錆塗装処理などで回収可能にできることがあります。
> 平均給水温度上昇10℃当たり1.6～1.7％の省エネといわれています。

（11）ドレン回収対策 II
スチームトラップ管理によるドレン処理を実施します。

配管の途中で、ところどころ不要なたまりになってしまうドレンの自動排出をするバルブが、スチームトラップです。このドレンは顕熱をもっています。顕熱の量は、元の蒸気がもっていた熱エネルギーの20～30％に相当します。うまく回収して再利用すればボイラ燃料を最大30％も低減できる可能性があります。ボイラの給水として高温ドレンを再利用すれば、ボイラの負荷が軽くなり、ボイラ効率も向上します。さらに、ドレン回収をうまくできるとスチームハンマによる機器などの破損防止、適正蒸気量の確保、配管内をドレンが流れることにより、蒸気の通過面積が減少することを防ぐことや、配管や機器などの腐食や凍結による破損防止などの効果があります。そのうえ、蒸気とともに発生する給水中の溶存空気や清缶剤から発生する二酸化炭素による熱伝導率の低下を防ぐ効果もあります。

ドレン量の変化に追従できないと、排出すべきドレンをためてしまったり、蒸気を漏らしてしまったり、順調な蒸気の流れの妨げの原因にもなります。スチームトラップの種類は多種多様ですが、外観例（**図9.6**）とスチームトラップの構造図例（**図9.7**）を示します。

あるアスファルトの製造ラインでトラップ故障のため蒸気が届かず、溶けていたアスファルトが冷えて詰まってしまった事故があり、そのときの復旧には大変な時間とコストがかかったようです。

スチームトラップの数も石油化学プラントでは数万にもなり、業種に

図9.6 スチームトラップの外観

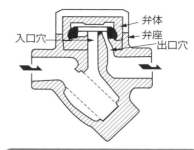

図9.7 スチームトラップ構造図例

よってその桁は大きく異なります。近年、特に重要な部分のトラップには温度と音のセンサつきの発信機を取り付け、リモート監視ができるような対策もなされてきています。こういったインターネットを利用したシステムも広く使われ始めています。

〈事 例〉

● **スチームトラップの管理**

〔**着眼点**〕 スチームトラップからの蒸気漏れがある。

〔**対 策**〕 トラップ管理の管理標準の整備、日常点検、教育訓練、定期点検の実施。

〔**確 認**〕 スチームトラップの正常な作動であることの確認。

〔**条 件**〕 回収可能な蒸気漏れ量 100 kg/h（推定）、稼働時間 8,000 時間、熱回収率50 %、漏れる蒸気の顕熱2,780 kJ/kg、ボイラ効率90 %、都市ガス（13A）単価98.2 円/m^3Nとして試算。

〔**見込み削減量**〕 年間およそ都市ガス（13A） 30 千m^3N、2,900 千円、6.6 t-CO_2

> **ポイント**
>
> スチームトラップの不具合のある現場は多く、現状わが国では20〜25%は何らかの不具合を抱えているともいわれています。手を抜いても多くの場合、設備全体は動くため、重要な割に放置されがちな点で、対策着眼点の1つです。

(12) 負荷の平準化対策 Ⅰ（投資改善による台数制御）

使用側で負荷の変動が大きいときや、蒸気供給量と使用量のバランスが崩れたとき、ボイラ効率は低下します。その対策ができているか、改善の余地はないかという視点で調査します。

近年小型ボイラの高効率化、制御システムの進歩、省エネニーズの高まりから、上記需要に適合する台数制御システムが多く採用されるようになってきています。

① 実際に台数制御がなされているのか。
② その台数制御は適切かを確認し、制御のあり方の適切化を図ります。
③ 低負荷状態で始動や停止を繰り返していることがないかを確認します。

インターネットを使って、ボイラメーカがリモートコントロールで運転監視や運転やメンテナンス管理をすることが行われています。異常発生時、ボイラ自身がメーカに自動通報することで、適確な対応が行えるなど対応の良さも売りにしています（**図9.8**）。当然それなりの費用が発生しますが、専門に人を配するよりコストダウンできるとの説明があります。重要な点なので、改めて設備改善の項目で取り上げました。

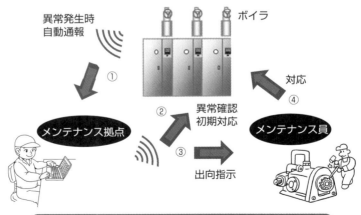

図9.8　リモートコントロール監視運転・メンテ管理図

(13) 負荷の平準化対策 II（投資改善）
蓄熱装置の設置

全体を見渡して、負荷変動が大きいときや蒸気供給能力が余るとき、アキュムレータの導入を検討してみます。アキュムレータとは、ボイラで発生した余剰蒸気を飽和水の状態で蓄熱する装置のことです（図9.9）。負荷変動があっても、ボイラを効率のよい一定条件で稼働できるので、経済運転ができます。昼間の余剰蒸気を蓄熱しておけば夜間はボイラを運転しなくても蒸気が得られます。また、負荷変動を嫌う業種では一定圧力で供給が可能となります。

〈事　例〉
- **過剰蒸気の有効利用**
- 〔着眼点〕　蒸気の余力が大きいとき、負荷が大きいとき。
- 〔対　策〕　アキュムレータの設置。
- 〔確　認〕　蒸気余力吸収や負荷変動抑制によるボイラ効率の改善効果を確認。
- 〔見込み削減量〕　こういった設備があることを認識し、必要があると判断したら現状の設備を専門業者に見てもらい、見積もりと同時に効果の推計を依頼します。削減量は導入した設備そのものなので、ここでの試算は省略します。

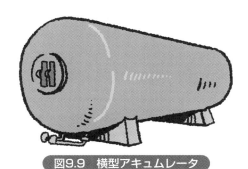

図9.9　横型アキュムレータ

> **ポイント**
>
> 新たにアキュムレータの設置が有効なときと、ボイラの運転制御でこと足りるときなどがあるので十分な吟味(ぎんみ)が必要です。アキュムレータは本来当初の設計段階で配慮すべきものですが、工場などで設備の大幅変更などに伴い設置が有効なことがあります。

（14）過剰蒸気対策

　加熱蒸気で余力があるときは、動力用に使用することも検討してみます。

　過剰蒸気対策として「（13）　蓄熱装置の設置」以外に動力に使うことも可能です。臨界点を超えてさらに加熱した蒸気は飽和温度より上昇します。

　これを加熱蒸気といいます。加熱度の大きいものほど、飽和温度との差が大きくなるので凝縮しにくくなります。そのため加熱蒸気は動力用に適しています。以下に事例を示します。

　たとえば、圧空製造に使うことができます。従来の電力駆動のコンプレッサから切り替えることで、電力削減が可能になります。近年電力供給力の低下や価格アップから、注目されている対策の1つです。ボイラの余剰蒸気の有利な利用から、ボイラの効率を落とさずに、電力のピークカット効果などにも有効なことから、エネルギーコスト全体での低下に寄与できることになります。

〈事　例〉

● **蒸気駆動エアコンプレッサの導入**

〔着眼点〕　余剰蒸気があるので、従来の電力駆動コンプレッサを蒸気駆動に切り替え電力削減に活用することを検討します。

〔対　策〕　ボイラ蒸気使用状況から余剰蒸気または減圧弁代替え機能を利用できる場合には、市販のパッケージ式蒸気駆動エアコンプレッサを導入し、電気駆動スクリュー式エアコンプレッサの負荷低減を実施することで省エネを計ります。

〔確　認〕　事前には導入蒸気駆動エアコンプレッサの能力計算、導入後には実際の電力削減効果を電力使用量から確認します。

〔条　件〕　コンプレッサ軸動力37 kW×3台設置のうち1台を蒸気駆動に変更。コンプレッサ稼働時間8,760 h/年、コンプレッサ電動機負荷率60 %、蒸気利用可能時間割合0.6と推定、電力単価22 円/kWh、として試算。

〔見込み削減量〕　年間およそ117千 kWh/年、2,600 千円、62 t-CO_2

ポイント

　上記の見込み削減量（メリット）の他、電力のピークカット効果もあるので単に使用電力量の削減のほか電力契約上さらに有利に働きます。減圧弁でむだにしていたものを有効に使用できたとした試算です。

　コンプレッサ以外にも有効な用途としては、従来の単に蒸気を減圧するだけの減圧弁に代わる「発電機能付き減圧ステーション」としての用途もあります。

　たとえば、加熱・乾燥工程で使用するプロセス蒸気を0.8 MPaから0.2 MPaに減圧するラインにその装置を設置すれば、減圧と同時に発電ができるというものです。

　このような視点でとらえることで、エネルギーコスト全体での低下に寄与できることになります。状況に合わせて専門メーカに相談するとよいでしょう。

（15）他の機器からの熱回収

　ボイラシステム以外でも工場内ではさまざまな熱を排出している機器があります。

　そのような機器の熱を、ボイラ給水に熱回収することによって、ボイラシステムの効率を改善するのも手段の1つです。

　一例としてエアコンプレッサの熱回収を紹介します。エアコンプレッサで空気を圧縮する際に、高温の「圧縮熱」が発生します。この圧縮熱は投入した電気エネルギーが圧縮の過程で熱エネルギーに変換されるこ

とで発生し、その量は、投入したエネルギーの90％以上になります。この圧縮熱は通常、熱交換器などを介して捨てられています。

　この捨てている圧縮熱を有効利用することで、温水を作り出すことができます。熱交換した温水をボイラ給水や温水ユーティリティーに使用することで、大幅なランニングコスト・CO_2削減が可能となります。

　事例は以下の図9.10、図9.11に示します。

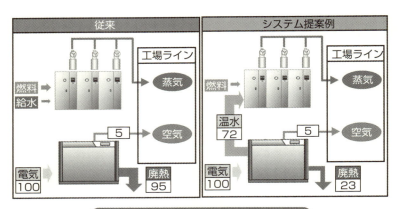

図9.10　蒸気・空気のシステム提案例

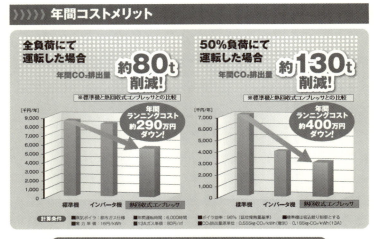

図9.11　標準機と熱回収式コンプレッサとの比較

(16) 送風機の効率改善

燃焼空気の送風量をダンパで調節しているとき、インバータの導入は有効です（図9.12）。

図9.12 インバータ

まずは現在送風ファンにインバータ装置が導入済なのかどうかを確認します。インバータは回転数を変えて風量を調整するものなので、常にフル回転で使用している場合は逆に3～5％の増エネルギーになるといわれています。今から導入すべきかどうかは、第10章で述べる投資回収年数も計算して総合的に判断します。

〈事　例〉

● 送風機へのインバータの導入

〔着眼点〕 ボイラのファンをダンパで75％に絞って運転中。

〔対　策〕 ダンパを100％開き、インバータの回転数による風量調整をし、電力削減を図ります。

〔確　認〕 導入後にダンパを100％開いたままで無事に運転ができていることを確認。

〔条　件〕 ファン駆動モータ18.5 kW、インバータ導入効果95％、運転時間は5,760 h／年。電力単価22 円／kWh、ここでは暫定の排出量算定係数0.000579 t-CO_2／kWhを

使用。
〔**見込み削減量**〕 年間およそ電力33 MWh、費用730千円、19 t-CO_2

> **ポイント**
>
> ボイラ以外でも、ファンなどのモータを使用する設備で液体や気体を送る際、量の変動の大きい場合にはインバータの設置を一応考えてみる価値はあります。

（17）ボイラ効率の改善

状況に合わせて効率の悪いボイラを、高効率品に更新するのは有効です（**図9.13**）。

程度問題ですが、効率の悪いボイラをいつまでも使っているのが有利か不利かを検討します。このとき、第10章で述べる投資回収年数は判断の重要要素になります。

〈事 例〉

● **高効率ボイラへの更新**

〔**着眼点**〕 2基のボイラがあり、現在1基は古く、需要に応じて短時間の運転をしていますが、ボイラ効率は両方とも70%と低い状態ですので1基更新を考えます。

〔**対 策**〕 常時運転している方のボイラ1基を高効率機種に更新。

〔**確 認**〕 更新後のボイラ効率を確認。

〔**条 件**〕 A重油使用量118 kL/年、単価89.3円/L、ボイラ効率現状：2基とも70%、更新後のボイラ効率：90%、主に更新した1基を使用。燃料総使用比率：95%と推定。

燃料削減量〔kL/年〕＝現状燃料使用量〔kL/年〕
　　　　　　　　×（1－現状効率÷更新後効率）

〔**見込み削減量**〕 年間およそA重油25 kL、費用2,200千円、68 t-CO_2

この他大きいボイラを複数台の小型ボイラの組合せで置き換え、負荷の変動対策も含めて高効率な運転を実現している例があります。以下の図9.13にイメージ図を示します。

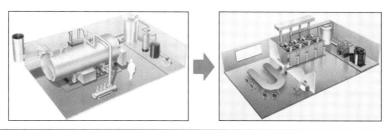

図9.13　大型1台から複数台の高効率小型ボイラの組合せへの更新イメージ

蒸気は移送にもコストがかかり、保守管理もコスト高です。蒸気でなくて済むものはそちらで済ませることも配慮します。ボイラから遠いところにある小さな給湯設備などがこの例です。

9.3.3　対応の優先順位決定と業務の実施（Do）

前項で述べてきた「ボイラの省エネ診断着眼項目」について、優先順位を決めて実施していきます。その決め方の手順を以下に示します。

① 「ボイラの省エネ診断着眼項目」の1つに実際の現場でスポットライトを当ててみて、費用、手間暇の要素も含めて効果のありそうな順に並べてみます。

② まずは運用改善の部分は取り組みやすいことが優先です。できるところから計画的に順次実施していきます。実施に当たってはメンバーの協力が必要ですので、十分な意思疎通をはかる配慮が必要です。少し手間が増えることで、現場で慣れた行動を修正するには、多少抵抗のあることがありますが、実施し成果を担当者と共有することで理解も得られるようになります。ここまでは特に細かな想定計算なしで進めてもよいでしょう。ここで重要なことは、実施して成果を確認することです。

③ 投資改善の実施には、必ず専門業者や装置メーカの協力を得る必

要が生じます。そこで、設備投資の見積もりを依頼すると同時に、効果の定量計算も依頼します。工事の間、ボイラが使えない期間の影響などさまざまな要素を織り込んで優先順位を決めていきます。当然、次年度の予算計上になることも出てきます。既存設備の耐用年数、投資回収年数*などの要素も含めて、経営者の立場で各投資項目に優先順位をつけていきます。

実施が計画に沿っているかを確認・評価します。まず、9.3.2「ボイラの省エネ診断着眼項目」の中の各事例に記載の「確認」を行い、計画の実施状況を調査し、業務の経過ばかりでなく、エネルギー消費量の確認・評価をします。

9.3.4　実施後の結果調査と効果の確認・評価（Check）

工場では生産量が変動するのとほぼ比例してエネルギーの使用量は、変化します。省エネ効果を評価する際、対策実施前と対策実施後をエネルギーの絶対量だけではなく、単位生産量当たりのエネルギー消費量で、比較します。これを原単位評価といいます。工場のときはエネルギー使用量と密接な関係を持つ値として生産量や車の場合は生産台数などがあげられます。病院ではベッド数や床面積、イベント会場では入場者数などを分母にした原単位評価を用いることがあります。それぞれ現場に合わせた因子を選定します。

なお、取組前と後のエネルギー消費量は前年同月との比較で行います。

$$エネルギー消費原単位 = \frac{エネルギー使用量〔kL〕}{エネルギー使用量と密接な関係を持つ値}$$

- エネルギー使用量と密接な関係を持つ値
  例：生産数量、生産トン数、売上額、延床面積、入場者数、ベッド数…など

（*）投資回収年数については後の第10章を参照のこと。

このとき分子に用いている「エネルギー使用量〔kL〕」は原油換算値**です。これを用いると電機、重油、灯油、都市ガス、LPGなどの異なる種類のエネルギーを合算することができます。エネルギーの種類が一種類の場合はそのまま、たとえば使用電力量〔kWh〕のまま用いても問題ありません。

表9.3　原油換算係数表

燃料および電力	単位	原油換算係数* kL/単位	発熱量 GJ/単位
原　油	1 kL	0.99	38.2
液化石油ガス（LPG）	1 トン	1.30	50.2
灯　油	1 kL	0.95	36.7
軽　油	1 kL	0.99	38.2
重　油	1 kL		
イ　A重油		1.01	39.1
ロ　B・C重油		1.08	41.7
都市ガス	千·m³		
イ　13A		1.16	45
ロ　12A		1.08	41.9
ハ　6A		0.76	29.3
ニ　6B		0.54	20.9
ホ　5C		0.49	18.8
電　力	千·kWh	0.257	9.97

（エネルギーの使用合理化に関する法律施行規則より引用作成）

（**）原油換算値：すべての種類のエネルギーは原油換算できます。経済産業省が原油換算簡易計算表をWEB上で提供しています。ここでは**表9.3**に主にボイラに使われる燃料の原油換算表を示します。

> **〈事 例〉**
>
> 製品100 t/年作るのに100 kL/年のA重油を使っていたとします。省エネ対策実施後、翌年製品120 tを生産しましたが、A重油は110 kL/年の使用量でした。使用量は10 kL増えています。しかし、原単位評価すると、
>
> 　　100 kL÷100 t＝1　　　110 kL÷120 t＝0.9167
>
> 　約8.33 %の省エネができているという計算になります。

　このようにして省エネ効果についてフェアな評価をし、できるだけグラフを用いて効果の見える化をします。実施担当者、上司、経営層まで見てもらうことで、成果をしっかり共有することが大切です。このような配慮で担当者のモチベーションも高まります。図9.14に、先の計算例を使った省エネ化率の見える化の例を示します。

9.3.5　実施が計画に沿っていない部分の改善（Action）

　まずははじめに立てた業務計画に沿ってない部分の改善処理をします。一方、常に省エネ活動の意識を持ちながら日々の業務に励むことで、おのおのの着眼点でのよりレベルの高い省エネに努めます。もちろん、本書ですすめる省エネ項目以外の提案もみつかるはずです。それらをまた次のPlanに落とし込みます。

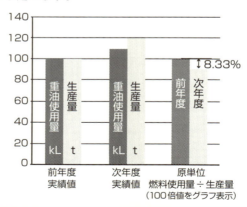

図9.14　使用重油量・製品生産量と原単位評価

9.3.6　上記PDCAを繰り返し、継続的な改善を進める

すべてのマネジメントシステムの考え方であるPDCAを廻すという共通する考え方を理解し、地に足がついたボイラの現場に合った継続的改善を根気よく繰り返していくことで、現場での省エネ効果の向上の成果を高めていくことが大切です。

9-4　現場主導での実行がポイント

省エネ診断の目的はなすべき項目について、できているかどうかを確認し、成果をあげることです。まずは本書を参考にしてやるべきことを整理し、計画をたて、自らができることを実行し、必要に応じて専門業者やメーカを巻き込んで具体的行動を決め、実施します。あくまでも外部の専門家主導ではなく、オーナー側である現場主導での実行がポイントです。

この活動はもちろん事業所で取り組むISO5001といったエネルギーマネジメントシステムは元より、ISO14001やエコアクション21などの環境マネジメントシステムの活動の一環としても有効なものです。

また、この活動は現有ボイラの耐用年数を視野に入れた、あるべき次の大きな設備投資の提案の根拠にもなります。目の前は元より、長期にわたってのそれぞれの事業所の経営改善に寄与できていることと同時にCO_2削減効果を数値で立証できるということです。まずは目の前の手元からしっかり取り組むことで、誇りをもって経営と地球環境への寄与を実践していっていただきたく思います。

〔注1〕事例には主な条件のみ記載しています。
〔注2〕記載計算事例は参考資料です。計算結果は、何ら保証するものではないことをご承知おきください。
〔注3〕本書の文章では「廃ガス」と「排ガス」は、JIS B 8222で「排ガス」となっているため、これに準じて「排ガス」に統一しています。そのため、引用した資料中に廃ガスとの表現があることもご承知おきください。
〔注4〕本書では容量リットルを小文字ではなく、大文字のLに統一して使用しています。
〔注5〕事例中の見込削減量は有効数字2桁としています。

第9章

● 参考資料：日本工業規格Ｂ 8223

表9.4　丸ボイラの給水およびボイラ水の水質（抜粋）

区分	最高使用圧力 MPa (6)	1 以下			1を超え2以下
	伝熱面蒸発率 〔kg/(m²h)〕	30 以下 (7)	30 を超え 60 以下	60 を 超えるもの	
	補給水の種類	原水 (8)	軟化水 (8)		
給水	pH（25℃における）	5.8～9.0	5.8～9.0	5.8～9.0	5.8～9.0
	硬度〔mgCaCO₃/L〕	60 以下	1 以下	1 以下	1 以下
	油脂類〔mg/L〕(9)	(10)	(10)	(10)	(10)
	溶存酸素〔mgO/L〕	(10)	(10)	(10)	(10)
ボイラ水	処理方式	アルカリ処理			
	pH（25℃における）	11.0～11.8	11.0～11.8	11.0～11.8	11.0～11.8
	酸消費量（pH4.8）〔mgCaCO₃/L〕	100～800	100～800	100～800	600 以下
	酸消費量（pH8.3）〔mgCaCO₃/L〕	80～600	80～600	80～600	500 以下
	全蒸発残留物〔mg/L〕	4000 以下	3000 以下	2500 以下	2300 以下
	電気伝導率〔mS/m〕(11)（25℃における）	600 以下	450 以下	400 以下	350 以下
	塩化物イオン〔mgCl⁻/L〕	600 以下	500 以下	400 以下	350 以下
	りん酸イオン〔mgPO₄³⁻/L〕(12)	20～40	20～40	20～40	20～40
	亜硫酸イオン〔mgSO₃²⁻/L〕(13)	10～50	10～50	10～50	10～50
	ヒドラジン〔mgN₂H₄/L〕(14)	0.1～1.0	0.1～1.0	0.1～1.0	0.1～1.0

（出典：日本規格協会ボイラの給水及びボイラ水の水質　JIS B 8223：1999）

〔注〕(6)　従来、圧力の単位として kgf/cm² が用いられていたが、この規格では、MPa を用いる。MPa の単位で表した数値を約 10 倍〔正しくは 10.197162 倍（1/0.0980665）〕すれば kgf/cm² の単位で表した数値になる。

　　　また、kgf/cm² の単位で表した数値に約 0.1（正しくは 0.0980665）を乗じると

MPa の単位で表した数値になる。
(7) 鋳鉄製ボイラで、生蒸気を使用し常時補給水を使用する場合に適用する。
(8) 水道水、工業用水、地下水、河川水、湖沼水などをいう。
また、軟化水は原水を軟化装置（陽イオン交換樹脂を充てんした）で処理した水または原水を逆浸透装置で処理した水。
(9) ヘキサン抽出物質（JIS B 8224 参照）をいう。
(10) 低く保つことが望ましい。
(11) 従来、電気伝導率の単位として $\mu S/cm$ が用いられていたが、この規格では、特に断わらない限り mS/m または $\mu S/m$ を用いる。電気伝導率として mS/m の単位で表した数値を10倍するか、または $\mu S/m$ の単位で表した数値を0.01倍すると $\mu S/cm$ の単位で表した数値になる。
(12) りん酸塩を添加する場合に適用する。
(13) 亜硫酸塩を脱酸素剤として添加する場合に適用する。
脱気器を使用する場合は、$10 \sim 20 \, mgSO_3^{2-}/L$ に調整することが望ましい。
(14) 丸ボイラおよび最高使用圧力2MPa以下の水管ボイラにヒドラジンを脱酸素剤として給水に添加する場合に適用する。ただし、脱気器を適用する場合には、$0.1 \sim 0.5 \, mgN_2H_4/L$ に調節することが望ましい。
なお、ヒドラジンはボイラ水中では解離してヒドラジニウムイオン（$N_2H_5^+$）として存在する。

〔備考〕1. 丸ボイラの補給水にイオン交換水を用いる場合には、**表9.5** の1MPaを超え2MPa以下の圧力区分の補給水にイオン交換水を用いる場合の水質を適用する。
2. 舶用に用いる場合には、表9.5の1MPaを超え2MPa以下の圧力区分の補給水にイオン交換水を用いる場合の水質を適用する。ただし、海水の漏れを考慮してりん酸イオンの濃度を高めに調節することが望ましい。
3. 脱酸素剤としてのヒドラジンおよび亜硫酸塩は、一般にいずれか一方を添加する。
4. ボイラ水を試験する試料はボイラ水が最も濃縮されている箇所から採取する。
5. 2MPaを超える圧力で使用する炉筒煙管ボイラの場合は、ボイラ水の水質は表9.5の同一圧力区分に示す水管ボイラの水質を適用する。

表9.5 貫流ボイラの給水の水質（抜粋）

区分	最高使用圧力 MPa (6) / 処理方法	7.5を超え10以下 揮発性物質処理	7.5を超え10以下 酸素処理	10を超え15以下 揮発性物質処理	10を超え15以下 酸素処理	15を超え20以下 揮発性物質処理	15を超え20以下 酸素処理	20を超えるもの 揮発性物質処理	20を超えるもの 酸素処理
給水	pH（25℃における）	8.5～9.6 (18)	6.5～9.3 (31)	8.5～9.6 (18)	6.5～9.3 (31)	8.5～9.6 (18)	6.5～9.3 (31)	9.0～9.7 (18)	6.5～9.3 (31)
	電気伝導率 [mS/m] (11)(19)（25℃における）[μS/m] (11)(19)（25℃における）	0.03以下 30以下	0.02以下 20以下	0.03以下 30以下	0.02以下 20以下	0.03以下 30以下	0.02以下 20以下	0.025以下 25以下	0.02以下 20以下
	溶存酸素 [μgO/L]	7 以下	20～200 (32)	7 以下	20～200 (32)	7 以下	20～200 (32)	7 以下	20～200 (32)
	鉄 [μgFe/L]	30 以下 (22)	20 以下	20 以下	10 以下	20 以下	10 以下	10 以下	10 以下
	銅 [μgCu/L]	10 以下	10 以下	5 以下	10 以下	3 以下	5 以下 (33)	2 以下	2 以下
	ヒドラジン [μgN$_2$H$_4$/L] (34)	10 以上		10 以上		10 以上		10 以上	
	シリカ [μgSiO$_2$/L]	40以下 (35) 20以下 (35)	20 以下	30以下 (35) 20以下 (36)	20 以下	20 以下	20 以下	20 以下	20 以下

（出典：日本規格協会　ボイラの給水及びボイラ水の水質　JIS B 8223：1999）

〔注〕（30）pHの調節には揮発性物質（アンモニアまたは揮発性のアミン）を添加する。
　　　（31）系統に銅合金を使用している場合にはpH8.0～8.5に調節することが望ましい。
　　　（32）この範囲で給水の鉄および銅などの濃度を最小とするのに適した値とする。
　　　（33）3 μgCu/L以下に保つことが望ましい。
　　　（34）ヒドラジンの濃度はpHがその上限を超えない値とするとともに、脱気器出口の溶存酸素の濃度に応じて低減することも可能である。
　　　（35）セパレータをもったボイラに適用する。
　　　（36）セパレータをもたないボイラに適用する。

表9.6 蒸気ボイラ管理標準例

省エネルギー法に基づく エネルギー管理標準	「蒸気ボイラー」管理標準（例）	整理番号：B-2
		改訂： 頁：1/1

1. 目的
   このエネルギー管理標準は、省エネルギー法第4条並びに告示「判断基準」に基づき、運転管理、計測記録、保守点検、新設措置を適切に行い、エネルギーの使用の合理化を図ることを目的とする。
2. 適用範囲
   当工場等に設置された蒸気ボイラ（プロセス用）に適用する。

項目	内容	判断基準番号	管理基準	参照マニュアル
運転管理	1. 燃料の燃焼管理 　(1) ボイラーの空気比 　　①負荷率50～100%の場合の空気比を設定 　　②別表第1(A)(1)の区分に該当するものは表記載の基準値を遵守 　(2) 複数のボイラの燃焼負荷の調整 　(3) 燃料の性状に応じて燃焼効率が高くなるように運転条件を管理	 2(1)①ア 2(1)①イ 2(1)①ウ 2(1)①エ	・空気比：○～○ ・[別表第1(A)(1)] ・調整方法を記載	運転管理マニュアル
	2. 加熱設備 　(1) 蒸気等の熱媒体を用いる加熱設備等については、供給される蒸気の温度、圧力、量等を設定 　(2) 負荷に応じ、発生蒸気温度、圧力、量等を設定 　(3) ボイラの水質の管理（JIS B 8223）	 2(2-1)①ア 2(2-1)①コ 2(2-1)①キ	・蒸気温度：○℃ ・圧力：○～○ MPa ・JISによる	
	3. 廃熱回収 　(1) 廃ガス温度または廃熱回収率について設定 　(2) 別表第2(A)(1)区分に該当するものは表記載の基準値を遵守 　(3) 蒸気ドレンの温度、量、性状の回収範囲を設定	2(3)①ア 2(3)①イ 2(3)①ウ	・廃ガス温度○℃ ・[別表第2(A)(1)] ・温度：○℃＜	
	4. 電動力応用 　(1) 不要時には停止し電気の損失を防止 　(2) 負荷に応じ、ポンプ・ファンの圧力、量を制御 　(3) 電圧、電流の管理	2(6-1)①ア 2(6-1)①ウ 2(6-1)①カ	・不要時を定義 ・制御方法を記載 ・回転数、弁開度 ・定格値等	
計測記録	1. 燃料の燃焼管理 　(1) 燃料量、給水量、蒸気の圧力、排ガス温度、排ガス中残存酸素量	2(1)②	・項目、頻度	記録簿
	2. 加熱設備 　(1) 発生および供給蒸気の温度、圧力および流量	2(2-1)②	・項目、頻度	
	3. 廃熱回収 　(1) 廃ガス温度等廃熱の把握に必要な事項	2(3)②	・項目、頻度	
	4. 電動力応用 　(1) 電圧、電流等の計測記録	2(6-1)②	・項目、頻度	
保守点検	1. 燃料の燃焼管理 　(1) ボイラの配管、バーナ、耐火物等の点検	2(1)③	・日常：○回/日 ・定期：○回/月	保守点検マニュアル 記録簿
	2. 加熱設備 　(1) 伝熱面等加熱に係わる面の点検	2(2-1)③	・○回/年	
	3. 廃熱回収 　(1) 廃熱回収設備の伝熱面等の汚れの除去、漏洩部分の保守につき点検（回収設備が無ければ不要）	2(3)③	・○回/年	
	4. 断熱・保温 　(1) 断熱工事等の損失防止のための措置の点検 　(2) スチームトラップは蒸気の漏洩、詰まりを防止するように点検	2(5-1)③ア 2(5-1)③イ	・○回/年 ・○回/月	
	5. 電動力応用 　(1) 負荷機械は、動力伝達部及び電動機の損失を低減するように保守点検 　(2) 流体機械は流体の漏洩を防止し、輸送抵抗を低減するよう保守点検	2(6-1)③ア 2(6-1)③イ	・○回/年 ・○回/年	
新設措置	1. 高効率ボイラの採用他 2. 特定機器に該当する場合は、製造事業者等の判断の基準に規定する基準エネルギー消費効率以上の効率のものの採用を考慮			

改訂履歴	改訂年月日	改訂内容	作成	承認

承認	照査	作成	実施年月日	
			制定年月日	

第10章

ボイラへの省エネ投資効果と優先順位

　現有設備について、第9章で述べた省エネ診断の視点を中心に、今度は投資の効果を検討します。ここでは損益分岐点の考え方と投資回収年数の簡単な計算法を示します。これによって投資の可否、実施の優先順位決定の根拠を数値でつかみ、これからの運営に活かしていくことができます。

10-1 設備投資を考えるにあたって

　本章では、ボイラに限らず設備投資にあたって、それを実施すべきか、優先順位をどう決めるべきかの根拠となる数値をつかむことを目的とします。ここでは損益分岐点の考え方など、設備投資や事業全体の財務的評価の基本になる考え方と、簡単な投資回収年数の出し方を説明します。中小事業所では経営者の勘だけで判断されることも少なくありません。投資回収年数という根拠ある数値を示し、投資の可否や優先順位決定の重要要素として利用することで、リスクの低い有効な投資判断の一助になるはずです。

10-2 損益分岐点と関連用語

（1）　変動費
　変動費とは、売上高に比例して発生する費用です。仕入れた商品などが代表的な例です。売上が増えるほど、仕入れる商品も増えるからです。

（2）　固定費
　固定費とは、売上高に関係なく発生する費用のことです。人件費が代表的なものです。すなわち、給与は売上高に関係なく社員に支払うものだから固定費に分類されます。

（3）　限界利益
　売上高から変動費を引いたものを限界利益といいます。一般的に「粗利」といわれることがあります。仕入れ販売のときは、売値から仕入れ値（変動費）を引いた金額ですので、式にすると以下のようになります。

　　　売上高－変動費＝限界利益

（4）　利　益
　文字どおり利益ですから以下の式で表すことができます。

　　　利益＝売上－（変動費＋固定費）

(5) 変動費率
変動費率は文字どおり売上高に占める変動費の割合のことで、つぎの計算式で求められます。

　　変動費÷売上高＝変動費率

(6) 固定費率
固定費率は上記と同様、売上高に占める固定費の割合のことでつぎの計算式で求められます。

　　固定費÷売上高＝固定費率

(7) 限界利益率
限界利益には固定費と利益が含まれており、売上に対する限界利益の割合を「限界利益率」といい、つぎの式で表せます。

　　限界利益率＝限界利益（つまり固定費＋利益）÷売上高

このことは、見方を変えれば以下の式でも表すことができていることになります。

　　限界利益率＝1－変動費率

(8) 損益分岐点（売上高）
損益分岐点とは、ある投資（事業）を個別に見たとき、利益がプラスマイナスゼロになる売上高のバランス点のことをいい、計算式はつぎのとおりです。

$$損益分岐点売上高 = \frac{固定費}{1 - \dfrac{変動費}{売上高}} = \frac{固定費}{限界利益率}$$

上記のそれぞれの要素の構成を簡単な図にすると**図10.1**のようになります。

(9) 計算事例
ある商品が1台1,000万円で販売されており、その仕入価格は700万円であったとき、つまり、1台販売するごとに限界利益は300万円になります。この商売をするのに経費（固定費）として3,000万円かかるとす

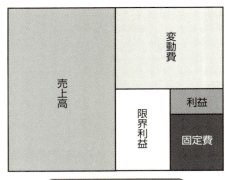

図10.1　用語の構成図

図10.2　損益分岐点（費用と売上のバランス点）

るとき、この3,000万円は限界利益によって埋め合わせできないとビジネスはなりたちません。

$$損益分岐点売上高 = 3,000万円 \div \left(1 - \frac{700万円}{1,000万円}\right) = 10,000万円$$

となって、10,000万円（1億円）販売したときに、固定費は回収されることになります（**図10.3**参照）。

この点を損益分岐点といい、これより売り上げが多ければ利益になり

ボイラへの 省エネ投資効果と優先順位

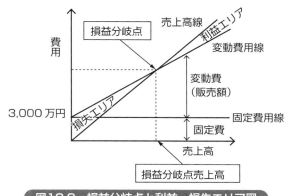

図10.3 損益分岐点と利益・損失エリア図

少なければ損失になるという点、すなわち［限界利益＝固定費］になる点すなわち利益も損失もない点が文字どおり損益分岐点です。

10-3 投資回収年数（投資回収期間）

10.3.1 財務用語としての投資回収年数

投資回収年数は、設備投資などの意思決定の基準の要素として広く用いられている数値の1つです。当初の投資額が、対象の設備（一般的には資産）の運用による年々の利益金、および減価償却費に相当する金額（引当金）によって、何年で回収できるか、その長短によって投資を行うか否かを決定する重要な要素となります。

この方法は、計算が簡単で、わかりやすいことから広く用いられています。財務の専門書では、現在価値法を取り入れるなど、詳しい計算の仕方もありますが、この方法が単純でおすすめです。一般財団法人省エネルギーセンターの省エネ診断での投資回収年数の計算はこの方法を採用しています。

なお、この方法はあまり長期間の投資評価には適さないことだけ補足しておきます。

10.3.2　省エネ投資に対する投資回収年数

前単元の損益分岐点の考え方を用いて、省エネ投資の重要評価要素としての投資回収年数を理解することができます。想定される省エネ投資総額を、その省エネ対策によるエネルギー削減効果（金額）で得られる費用を積算して、何年で元が取れるかを割り出します。これが損益分岐点、すなわち投資額回収までの期間（年数）を意味し、以下の計算式で得られます。

$$\frac{省エネ投資額}{年間削減省エネ金額} = 投資額回収までの期間（年数）$$

つぎの「**図10.4** 投資回収効果（期間）」は、投資額と投資効果とがちょうどバランスのとれた点を表したものです。すなわち、損益分岐点です。

図10.4　投資回収効果（期間）（省エネ投資額と省エネ効果のバランス点）

10.3.3　計算事例（図10.5）

着眼項目：保温対策

状況と対策内容：蒸気配管・バルブ・フランジに保温がなされておらず、金属がむき出しの部分があります。この金属表面温度がおよそ100℃、配管サイズが25Aのとき、この部分を保温することで省エネを図ります。

放散熱量などの計算によりまとめると**図10.5**のようになります。

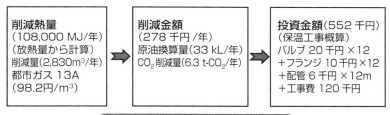

図10.5　投資金額算出までの流れ

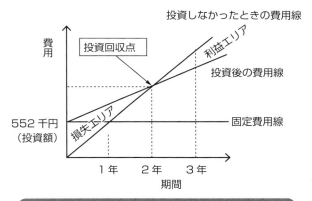

図10.6　投資額と投資回収点に達するまでの期間

投資回収期間：$\dfrac{\text{投資金額}（552\,\text{千円}）}{\text{年間削減金額}（278\,\text{千円}/\text{年}）} = 1.99\,〔年〕$

なお、ここでは削減熱量の詳しい計算は省略しています（**図10.5**参照）。

結果：およそ2年で省エネ効果による燃料削減分の料金のおかげで、保温工事代金を回収できることがわかります。それ以降は、全部利益になります。

例えば、この事例の3年後、4年後は以下のように収益見込み額が推算されます（**図10.7**参照）。

278千円/年 × 3年 − 552千円 = 282千円/年

278千円/年 × 4年 − 552千円 = 560千円/年

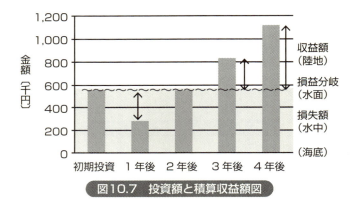

図10.7 投資額と積算収益額図

　上記は保温工事の場所や工事の仕方など、それぞれ現場によって費用は変わります。実際に工事を依頼する専門業者に工事見積もりと併せて、省エネ効果の計算を依頼できれば、概算投資回収年数をつかむことが簡単にできることになります。

　その他、一般財団法人省エネルギーセンターからは無料で省エネ診断を受けることができます。ほかにも東京都や茨城県などでも同様に無料で省エネ診断をしてくれる自治体があります。

10.3.4　省エネ投資の有効性評価の手順

　省エネ投資は、案件ごとに以下のような手順で投資回収年数を出して、投資の可否や優先順位を決めていきます。

① 省エネ着眼点から投資の必要な案件を選び出す。
② 専門業者にそれぞれ案件ごとに見積もりをもらう。
　　⇒　投資額の決定
③ 専門業者に年間削減金額（効果）の試算を依頼、省エネ診断受診でもよい。
　　⇒　年間削減金額の把握
④ 投資回収年数を計算する。
　　⇒　投資額÷年間削減金額＝投資回収年数
⑤ 投資金額の大きさや工事期間、現有設備運転時間への影響などの

要素も含めて総合的に判断する。投資回収年数は、投資の可否判断や優先順位決定の大きな要素になる。投資回収年数は短いほうが有利。
⑥ 簡単な保温工事は多くの場合投資額の割にメリットが大きいので優先的に実施を検討する。可能であれば専門業者に事前に効果試算を依頼し、投資回収年数をつかんでおく。
⑦ 必ずしも省エネ着眼点全部の実施にこだわらない。当面、手間暇も考え効果が大きく投資回収期間の短い計画だけに絞るのでもよい。ただし、前章で取り上げた着眼項目すなわち「8.3.2 ボイラの省エネ診断着眼項目」くらいはすべて目配りしたうえでの判断でありたい。
⑧ さらなる案件の発掘をし、この手順で有効性の評価をしていく。
⑨ このとき国や地方公共団体などの補助金を調査し、申請をして、受けられれば、実質投資額を減額できるので、大幅に投資回収年数の短縮が見込める。そのため、投資回収年数が長すぎて断念すべき投資も可能になることがある。

10-4 まとめ

　省エネ投資の投資回収年数は、損益分岐点の考え方をあてはめればよいので、損益分岐点の説明を少し詳しくしています。すべての投資は、メリットがどれくらいあるかを概算数値でつかんだうえで、実施すべきです。

　設備投資は、既設設備の撤去工事費や場所によっては足場の費用、工事にかかる日数などが現場によってそれぞれ違います。単純に設備費用だけでなく、付帯工事などを含めた投資総額の概算見積もりをまず入手し、投資回収年数の概略をつかみます。これを重要判断要素として、ザックリ投資の可否や優先順位を判断すべきです。

　省エネ診断の目的は、少しでも早く有効な省エネ対策を見い出し、それを実行することです。本章が、あまり手間をかけずに省エネ投資の可否および優先順位を決めるための参考になれば幸いです。

第10章

＜補足＞　省エネ関係補助金情報と対応

　補助金情報の調査は、経済産業省、環境省、地方公共団体のホームページからの検索が一般的です。以下の事例も参考にして調査し、常に最新情報の確認をしておくことをお薦めします。また、年明けに始まって短期に締め切ることが多くありますので事前の準備が必要です。状況によって追加募集もありますので、今何が可能かといった視点で調査を始めると良いでしょう。

　パリ協定（COP21）も実施がスタートし、地球温暖化防止対策のため今後わが国としては大幅なCO_2削減対策が必要な状況です。そのため、省エネ関係の補助金はいろいろな形で紹介されてくるはずです。省エネの専門家の話を聞くなどして、しっかり調べておき、申請時には専門業者と相談するのが現実的です。外部の力を有効に使う知恵が時には必要です。

（Ⅰ）　主な「省エネ設備導入」助成金例の一覧
1. 東京都 節電対策設備等導入費用助成事業
2. 平成27年補正 中小企業等の省エネ・生産性革命投資促進事業費補助金
3. エネルギー使用合理化事業者支援事業【第2回募集】
4. エネルギー使用合理化事業者支援事業
5. 地域工場・中小企業等の省エネルギー設備導入補助金【A類型】
6. 東京都中小テナントビル省エネ改修効果見える化プロジェクト
7. エネルギー使用合理化事業者支援事業【第2回募集】
8. 省エネルギー型建設機械導入補助金
9. エネルギー使用合理化等事業者支援補助金
10. エネルギー使用合理化事業者支援助成金

（Ⅱ）　補助金情報概要例
　上記3番目の「エネルギー使用合理化事業者支援事業【第2回募集】」の概要情報を事例として紹介します。

　エネルギー使用合理化事業者支援事業とは、事業者が計画した省エネルギーへの取組みのうち、既設の工場・事業場等における先端的な省エネ設備・システムなどの導入であって「省エネルギー効果・電力ピーク対策効果」、「技術の先端性」、「費用対効果」を踏まえて政策的意義の高いものと認められる事業に対し、補助金を交付するものです。
　第2回目の公募は、年度またぎ期間（平成28年2月〜4月）を事業実施期間に含めざるを得ない外的要因がある事業のみを対象としています。

【助成金概要】

種類	省エネ設備導入
管轄	(社) 環境共創イニシアチブ (Sii)
業種・形態	民間事業者及びその連携体
助成金額	42億円以下	助成率：1/3以内 ※ただし、エネマネ事業者の活用または連携事業を行う場合は1/2以内
公募時期	平成27年9月14日（月）～平成27年10月19日（月）
要件・条件の概要	【対象事業】 下記事業を対象とする。 ①省エネ設備・システム導入支援工場・事業場などにおける、既設設備・システムの置き換え、または製造プロセスの改善等の改修による省エネルギー事業。 ②電気需要平準化対策設備・システム導入支援工場・事業場などにおける、既設設備・システムの置き換え、または製造プロセスの改善等の改修、または一部設備・システムの新設などにより、電気需要平準化時間帯の電力使用量を削減する事業。 ※1. エネマネ事業者を活用する場合 エネマネ事業者と連携し、省エネ設備・システムなどまたは電気需要平準化対策設備・システムに加え、EMSを用いた設備の制御により、より一層の効率的・効果的な省エネルギーを実施する事業。 ※2. 連携事業の場合 複数事業者間のエネルギー需給バランスを最適にするために、複数事業者による複数の既設の工場・事業場等におけるエネルギーなどの相互融通により省エネルギーを行う先端的設備・システムを導入する事業。 第2回目の公募は、年度またぎ期間（平成28年2月～4月）を事業実施期間に含めざるを得ない外的要因がある事業のみを対象としています。
詳しくはこちらから	公募型助成金申請スケジュール診断はこちらから＞＞
	公募型助成金獲得実践講座はこちらから＞＞

以上

あとがき

　小型貫流ボイラの技術進歩により小規模産業や病院・ホテル等の民生部門では小型貫流ボイラが幅広く使われるようになり、今では複数台設置による並列運転事例も多数みられます。一方、産業界では安定運転や事故災害防止のためには技術伝承が大きな課題であると叫ばれており、技術伝承が十分でないことに起因する、事故事例も報告されています。この問題はボイラ分野でも同様です。また、小型貫流ボイラでも一層の省エネが求められています。

　小型貫流ボイラの運転管理に当たってはボイラ技師免許が不要であり、また日常の運転の大半はコンピュータによる制御が行われていることもあり、特別教育を受けているというものの、小型貫流ボイラの作業者や管理者が求められる技術を100％マスターしているとはいえません。さらに関連するトラブルとその対策など当然知らなければならない知識が欠落している事例も少なくないものと想定されます。

　本書は、ボイラの構造や付帯設備に関する基礎からの説明に加えて、小型ボイラで想定されるトラブルを幅広い視点で捉え、対処や対策を説明しているので教材として、万一の場合の指針として、手元に置いていただきたいと考えています。

　安全・安心が強く求められている昨今、ボイラの事故やトラブルは、単なるボイラの停止のみならず、ボイラが熱供給している設備の操業を危うくすることを忘れてはいけません。

　ボイラの運転や保守点検にあたるものは、本書を日々の教育の教材として活用していただくとともに、技術伝承の一助としていただくことを期待しています。

平成28年12月

　　　　　　　　　　　　　　　　　　　　　　　　　　　小山富士雄

【参考資料】

＜第1章～第5章の参考資料＞
1. 「小型貫流ボイラーのてびき」
2. 「小型貫流ボイラーの歩み」
3. 「小型貫流ボイラーの据付・施工に関するガイドライン」
　　　　………いずれも公益社団法人 日本小型貫流ボイラー協会発行

＜9章と10章の参考資料＞
1. 「MBAマネジメントブック」㈱グロービス（編著）、ダイヤモンド社
2. 「省エネのすすめ」小山富士雄（監修）、山科謙一、加藤幸男、鈴木和男、中山安弘、芦ヶ原治之、伊藤泰志（共著）特定非営利法人、日本環境管理監査人協会

索引

英

Action ……………………………… 160
Check ……………………………… 160
Do …………………………………… 160
ON-OFF制御 ……………………… 29
PDCA ……………………………… 160
pH …………………………………… 36
Plan ………………………………… 160

あ

アイソレータ …………………… 125
アキュムレータ ………………… 179
アダムソン継手 …………………… 16
圧縮熱 …………………………… 181
圧力 ………………………………… 33
圧力計 ……………………………… 62
アルカリによる腐食 …………… 106
アンカーボルトの施工 ………… 132
安全増 ……………………………… 31
安全弁 ……………………………… 63
異種金属の接触 …………………… 98
インターネットの利用 ………… 178
インバータ制御 …………………… 30
ウォータハンマ …………………… 94
運転時間対策 …………………… 162
運転方法トラブル ………………… 57
運用改善 ………………………… 163

エアバインディング ……………… 91
エアロッキング …………………… 91
液体用バーナ ……………………… 27
エコノマイザ ……………………… 63
エコノマイザ（節炭器） ………… 14
エネルギー消費原単位 ………… 186
塩化物イオン ……………………… 37
塩橋 ………………………………… 75
塩水タンク ………………………… 75
オイルタンク・ポンプ …………… 65
オイルポンプのエア抜き弁 ……… 87
温水ボイラ ………………………… 24

か

火炎検出装置 ……………………… 27
角型缶体 …………………………… 12
ガス焚きボイラ …………………… 11
ガス燃料 ………………………… 154
ガスバーナ ………………………… 28
ガス配管 …………………………… 65
加熱蒸気 ………………………… 180
加熱脱気 …………………………… 40
加熱流体を通す配管 …………… 169
乾き度 ……………………………… 79
換気 ………………………………… 42
貫通部 ……………………………… 42
貫流ボイラ ………………………… 8
関連法規 …………………………… 42
機械系のトラブル ………………… 56

機器接続配管の選定ミス	57	時間不足によるトラブル	50
機器単体のトラブル	56	事故報告	22
技術的原因	48	システム系のトラブル	56
基準空気比	165	実際蒸発量	34
逆止弁	77	シュー（配管支持金具）	97
キャビテーション発生	70	集合煙道	42
キャリオーバ防止	61	省エネ化率の見える化	188
休止保存	148	省エネ関係補助金情報	203
給水タンク	39	省エネ投資の有効性評価	202
給水タンクの水温上昇	72	蒸気圧力スイッチ	29
給水ポンプキャビテーション判定計算	71	蒸気圧力制御	29
強制対流伝熱部	13	蒸気圧力センサ	30
空気障害	91	蒸気圧力適正化対策	166
空気比	164	蒸気駆動エアコンプレッサ	180
空気比対策	164	蒸気の漏れ対策	171
空気比の調整	166	蒸気配管	66
空気量	61	蒸気配管の伸び	98
経済的保温厚さ	170	蒸気バルブの保温	170
経済的原因	52	蒸気ボイラ	24
懸濁物	38	上昇配管	66
原単位評価	158	蒸発量	10
顕熱	33	シリカ	37
原油換算値	187	真空脱気	40
硬度漏れ	73	真空破壊弁	79
コージェネレーションシステム	49	信号線の雑音	124
小型貫流ボイラ	8	信号分配器	125
小型貫流ボイラ取扱者の教育	21	人的原因	50
小型貫流ボイラの定義	20	水位検出器	30
小型貫流ボイラの届出	22	水位制御	30
財務的評価の基本になる考え方	196	水位センサ	30
		水管ボイラ	16
		水頭圧	70
		水面計	62
◯さ		スケール分散剤	74
三位置制御	29	スケール防止	60
酸消費量	37	ススの堆積	89

スチームトラップ	96
スチームハンマ	176
スチームヘッダへの薬注	83
ストレーナ	62
絶対圧力	34
全硬度	37
全鉄	37
潜熱	33
相当蒸発量	34
送風機の空気吸込み口	138
損益分岐点の考え方	196

た

台数制御	163
台数制御装置	65
多管式貫流ボイラ	8
脱酸素装置	40
端子台	120
蓄熱装置	179
窒素脱気	41
通信線と動力線	124
通風抵抗	109
低圧蒸気	175
定期自主検査	21
電気伝導率	37
電極式水位検出器	30
伝熱	24
電熱	154
伝熱ヒレ	14
投資回収年数	187
投資回収年数の出し方	196
ドラフトレギュレータ	108
トラブル発生	48
ドレン	175

ドレン回収	80
ドレン抜き	116
ドレンポケット	93
ドレン戻り管	81

な

波型炉筒	16
軟水装置	39
軟水装置の容量計算	74
日常の運転管理	146
日常の点検項目	146
入出熱法	35
熱回収	181
熱源に起因するリスク	153
熱交換器	103
熱水、蒸気によるリスク	154
熱媒ボイラ	25
熱媒ボイラのメリット	25
熱量の単位	31
燃焼ガス流の脈動	118
燃焼制御	27
燃料油	153
燃料および燃焼	61

は

排ガス温度	172
排ガス損失法	35
排ガス流速	112
排ガス量の測定	112
排気筒	65
排気筒壁貫通部	114
排気筒の通風力	107

排気筒の閉塞	117	ボイラの出荷台数	9
排水配管	129	ボイラの省エネ診断着眼項目	161
排水配管の施工	129	ボイラの制御	27
排熱温度	173	ボイラの排ガス	136
廃熱ボイラ	25	ボイラの水管理	147
ハインリッヒの法則	156	ボイラ付属機器の排水	128
爆鳴気	154	ボイラブロー配管	130
発電機能付き減圧ステーション	181	放射伝熱部	13
パルス分配器	125	防錆剤	135
比エンタルピ	33	飽和圧力	32
非接触型温度計	169	飽和蒸気	33
必要吸込ヘッド	70	保温材の劣化	141
ヒューマンエラーによる操作ミス	155	保温対策	168
比例制御	29		
負荷の平準化対策	163		
復水	175		
腐食防止	59		
沸騰	32		

ま や ら

フラッシュ蒸気	175	膜式脱気	40
プレパージ	116	増し締め	121
ブロー管理	167	丸型缶体	12
フロー配管	67	水管理	59
ブロー量の調整	168	水の飽和温度	33
ボイラ	24	薬液	40
ボイラ缶水の逆流	77	薬液の切り換え	82
ボイラ基礎	42	薬注装置	40
ボイラ効率	34	有害排出ガスの生成	61
ボイラ室からの配管	58	有効吸込ヘッド	70
ボイラ室換気トラブル	58	湯焚きボイラ	11
ボイラ室の換気	127	油用電磁弁の詰まり	88
ボイラ制御盤	120	溶存酸素	38
ボイラにおける伝熱過程	24	容量選定などのミス	56
ボイラ燃焼量	143	炉筒煙管ボイラ	16
ボイラの安全	152		
ボイラの空焚き	155		
ボイラの固定	133		

●監修者

小山富士雄 (こやま　ふじお)

1945年	広島県生まれ
1967年	東京大学工学部燃料工学科卒業
1969年	東京大学工学系大学院修士課程終了
1969年	三菱化成工業株式会社（現三菱化学）入社。水島工場、本社にて石油化学部門の生産管理・技術管理・事業企画などを担当、その後本社環境安全部にて環境管理・安全管理を担当
2005年	東京大学環境安全本部 特任教授
2011年	東京工業大学総合安全管理センター 特任教授
2015年	東京大学環境安全研究センター 客員研究員
	東京工業大学 非常勤講師
	横浜国立大学環境情報研究院研究員
所属	NPO法人 日本環境管理監査人協会理事長
	一般社団法人 エコステージ協会理事
	NPO法人 リスクセンス研究会理事
	NPO法人 放射線安全フォーラム理事

【主な資格】
公害防止管理者（大気1種、水質1種、騒音）、高圧ガス作業主任者（甲種化学、甲種機械）、エネルギー管理士、ボイラー技士（特級）、危険物取扱者（甲種）、衛生管理者、環境省・化学物質アドバイザー

【主な著書（共著）】
・「化学実験における事故例と安全」オーム社
・「安全活動の源流―内田嘉吉『安全第一』を読む」大空社
・「個人と組織のリスクセンスを鍛える」大空社
・「安全な実験室管理のための化学安全ノート」丸善出版

●著　者

芦ヶ原治之（よしがはら　はるゆき）

1946年	山口県県生まれ
1969年	東京理科大学理学部第一部応用化学科卒業
1969年	大手化学会社関連電子部品会社に入社。電子部品向け絶縁材を中心に商品開発業務と量産化工場立ち上げ、後に霞が関の本社開発部にて企画開発業務
1986年～	米国資本企業（国内）を2社経験：電子材料の商品開発業務と研究管理業務。優れた新規開発の功績で米国親会社から会長賞を受賞。米国親会社からの技術導入を担当、後に品質管理と工場管理業務。
2001年	ジャパンゴアテックス株式会社入社：特殊高分子フィルム材料の電子材料向け用途開発とその商品化研究。NEDOプロジェクトで産総研と共同研究など。
2010年	技術士事務所 芦ヶ原環境エネルギー開発企画を開設独立。 技術顧問、省エネ診断、エコアクション21審査、環境経営・省エネなどのテーマにて講演・執筆など
所属	技術士事務所 芦ヶ原環境エネルギー開発企画代表、公益社団法人 日本技術士会会員、一般財団法人 省エネルギーセンター エネルギー使用合理化専門員、茨城県地球温暖化防止活動推進センター省エネルギー診断員、審査会社の外部審査員（ISO14001及びISO9001）、NPO法人 茨城県環境カウンセラー協会会員、技術士協同組合員、NPO法人 日本環境管理監査法人協会会員

【主な資格】

技術士（化学部門）、エネルギー管理士、エコアクション21審査人、労働安全コンサルタント、公害防止管理者（水質1種・騒音）、危険物取扱者（甲種）、環境カウンセラー、作業環境測定士（有機溶剤1種）、うちエコ診断士、その他（高等学校理科教諭、ボイラー技士、通訳検定など）

【主な著書（共著）】

・「技術英語の聞き方・話し方」オーム社
・「上記中国語版（台湾にて出版）」建興文化事業有限公司
・「ISO 安全・品質・環境 早わかり」日本規格協会
・「省エネのすすめ」NPO法人 日本環境管理監査人協会・一般社団法人 エコステージ協会

トラブル対策プロジェクトチーム

本書執筆のため、ボイラメーカで構成されたチーム 。チームメンバーに小型貫流ボイラメーカ在職の西岡茂昭氏（1992年ボイラメーカ入社、以降小型貫流ボイラシステムの提案業務などに従事）など。

小型貫流ボイラのトラブル対策
―現場で起きた故障事例と対処法―

NDC533

2016年12月25日　初版1刷発行

（定価はカバーに表示してあります）

監修者　小山富士雄
Ⓒ　著　者　芦ヶ原治之＆トラブル対策プロジェクトチーム
　　発行者　井水　治博
　　発行所　日刊工業新聞社
　　　　　　〒103-8548　東京都中央区日本橋小網町14-1
　　電　話　書籍編集部　03（5644）7490
　　　　　　販売・管理部　03（5644）7410
　　FAX　　03（5644）7400
　　振替口座　00190-2-186076
　　URL　　http://pub.nikkan.co.jp/
　　e-mail　info@media.nikkan.co.jp
　　企画・編集　エム編集事務所
　　印刷・製本　新日本印刷（株）

落丁・乱丁本はお取り替えいたします。
2016 Printed in Japan
ISBN 978-4-526-07636-7　C3053

本書の無断複写は、著作権法上の例外を除き、禁じられています。